国家中职教育改革发展示范校项目建设成果

数控加工技术与工艺

（数控车工一体化教材）

主　编　纪东伟
参　编　王新国　蔡锐东　陈廷堡
主　审　陈　强　蓝韶辉

ZHEJIANG UNIVERSITY PRESS
浙江大学出版社

图书在版编目（CIP）数据

数控加工技术与工艺 / 纪东伟主编. —杭州：浙江大学出版社，2013.8（2017.7 重印）

ISBN 978-7-308-11884-2

Ⅰ. ①数… Ⅱ. ①纪… Ⅲ. ①数控机床—加工 Ⅳ. ①TG659

中国版本图书馆 CIP 数据核字（2013）第 171611 号

内容简介

数控加工是具有代表性的先进制造技术，传统的机械制造方法已逐渐被取代，新工艺、新技术在机械制造领域得到了普遍应用，并且将越来越普及。

本书根据教学大纲要求，结合多年教学实践经验，并参考一些其它院校的经验编写而成，全书共四篇十一章，按普通加工工艺设计和数控加工工艺设计的实际设计程序，逐步阐述设计过程、设计内容和设计要求，循序渐进，内容力求具有系统性、完整性和先进性。

本书可作为职业院校数控加工专业相关课程的教材以及数控技术培训教材，也可供有关工程技术人员参考。

数控加工技术与工艺

主　编　纪东伟

参　编　王新国　蔡锐东　陈廷堡

责任编辑　杜希武

封面设计　刘依群

出版发行　浙江大学出版社

（杭州市天目山路 148 号　邮政编码 310007）

（网址：http://www.zjupress.com）

排　　版　杭州好友排版工作室

印　　刷　浙江新华数码印务有限公司

开　　本　787mm×1092mm　1/16

印　　张　15.5

字　　数　261 千

版 印 次　2013 年 8 月第 1 版　2017 年 7 月第 2 次印刷

书　　号　ISBN 978-7-308-11884-2

定　　价　38.00 元

前　言

随着数控技术的迅速发展，传统的机械制造方法已逐渐被取代，新工艺、新技术在机械制造领域得到了普遍应用，并且将越来越普及。现在很多院校已开设了数控加工、数控编程等课程，学生在进行机械制造工艺设计时，已不仅仅局限于使用普通机床加工的方法，而更多采用数控加工。为了解决教学的需要，我们按教学大纲要求，结合多年教学实践经验，并参考一些其它院校的经验，编写了本书。在内容上力求具有系统性、完整性和先进性，但由于我们的水平所限，且时间紧迫，唯恐事与愿违。我们愿意在实践中不断改进，逐步完善。

本书按普通加工工艺设计和数控加工工艺设计的实际设计程序，逐步阐述设计过程、设计内容和设计要求，循序渐进。对设计中涉及到的必要知识，结合教材给予适当的扩展和讲解；对设计过程中应注意的问题进行了强调。在资料处理上尽量删繁就简、详略结合，既照顾到内容的完整性，又不使篇幅过大；既使学生受到全面的基本训练，又避免了不必要的重复。书中对于有关表格给出了查表说明和指导，并给出了零件机械加工工艺设计实例。

珠海市技师学院安排了专业能力强、教学经验丰富的教师来承担本书的编写工作。由纪东伟为主编，王新国、蔡锐东、陈廷堡为参编，陈强、蓝韶辉为主审，全书由蔡锐东进行校对。本书适用于职业院校数控加工专业或相近专业的师生使用，也可供有关工程技术人员参考。由于我们的水平所限、经验不足，参考资料欠缺，且时间紧迫，唯恐事与愿违，本书一定存在大量不足之处，我们恳切期望各位读者提出宝贵意见，以便修改。请通过以下方式与我们交流：

- 网　站：　www.51cax.com
- E-mail：book@51cax.com
- 致　电：　0571－28811226，28852522

珠海市技师学院深度合作企业珠海市旺磐精密机械有限公司詹益恭副总经理，在本课程建设及教材编写中给予了积极的技术指导；杭州浙大旭日科技开发有限公司为本书配套提供立体教学资源库、教学软件及相关协助；在此，我们谨向所有为本书提供大力支持的有关人员、合作企业，以及在组织、撰写、研讨、修改、审定、打印、校对等工作中做出奉献的同仁表示由衷的感谢。

编　者

2013 年 7 月

目　录

第一篇　综合技能训练的内容

第二篇　综合技能训练的常用资料

第三篇 数控加工

第四篇　机械制造工艺设计实例

第一篇　综合技能训练的内容

第1章 数控机床基本知识

1.1 数控机床的产生与发展过程

数字控制(Numerical Control,简称NC或数控)技术是一种自动控制技术,凡是在生产过程中应用数字信息实现自动控制和操纵运行的生产设备,都被称为数控设备。数控机床就是一种采用了数字控制技术的机械设备,即对机床的运动及其加工过程进行数字化的控制,实现要求的机械动作,自动完成加工任务。数控机床是典型的技术密集且自动化程度很高的机电一体化加工设备。

数控机床的概念是由John C. Parsons在20世纪40年代后期提出的,1952年为了加工直升机螺旋桨叶片轮廓的检查样板,美国Parsons公司与美国麻省理工学院合作研制成功世界上第一台三坐标数控铣床。这是一台以穿孔纸带为控制介质,用电子管构成数控装置,只能进行直线插补轮廓控制的数控机床。此后,其他一些国家(如德国、英国、日本、前苏联等)都开展了数控机床的开发和生产。1959年,美国克耐·杜列克公司首次成功开发出数控加工中心,这是一种有自动换刀装置和回转工作台的数控机床,可以在一次装夹中对工件的多个平面进行多工序的加工。20世纪60年代末,出现了直接数控系统DNC(direct NC),即由一台计算机直接管理和控制一群数控机床。1967年,英国出现了由多台数控机床连接而成的柔性加工系统,这便是最初的柔性制造系统(flexible manufacturing system,简称FMS)。20世纪80年代初,出现了以加工中心或车削中心为主体,配备工件自动装卸和监控检验装置的柔性制造单元(flexible manufacturing cell,简称FMC)。进入20世纪90年代,又出现了以基本加工单元的计算机集成制造系统(Computer Integrated Manufacturing Systems,简称CIMS),实现了生产决策、产品设计及制造、经营等过程的计算机集成管理和控制。

第一台数控机床的数控装置全部采用电子管元件,而后采用了晶体管元件和印刷电路板(1959年),1965年出现了小规模集成电路。以上三代数控系统都是专用控制计算机数控系统，称为硬件 NC 系统，只能完成固定的控制功能。1970 年采用了大规模集成电路及小型计算机取代专用控制计算机数控系统，通过编制程序并存入计算机的专用存储器中，构成“控制软件”来实现多种控制功能，提高了系统的功能特征和可靠性，称为第四代数控系统(Computerized NC，简称 CNC)，又称为“软件 NC”系统。1974 年又研制出以微处理器为核心的数控系统，这就是第五代数控系统(Micro-computerized NC，简称 MNC)。

随着微电子、计算机、信息、自动控制、精密检测及机械制造技术的高速发展，机床数控技术也得到了长足的进步。近几年一些相关技术的发展，如刀具及新材料的发展，主轴伺服和进给伺服、超高速切削等技术的发展，以及对机械产品质量的要求愈来愈高等，加速了数控机床的发展。目前，数控机床正朝着高速化、高精度化、高复合化、高工序集中度和高可靠性的方向发展。

1.2 数控机床的构成与工作原理

数控机床主要由 CNC 数控系统和机床主体组成，如图 1.1 所示。此外数控机床还有许多辅助装置，如自动换刀装置(Automatic Tool Changer，简称 ATC)、自动工作台交换装置、自动对刀装置、自动排屑装置以及冷却、润滑、防护等装置。一个完整的数控系统包括数控加工程序及其载体、输入/输出装置、数控装置、伺服驱动系统、检测装置、机床主体和其他辅助装置。

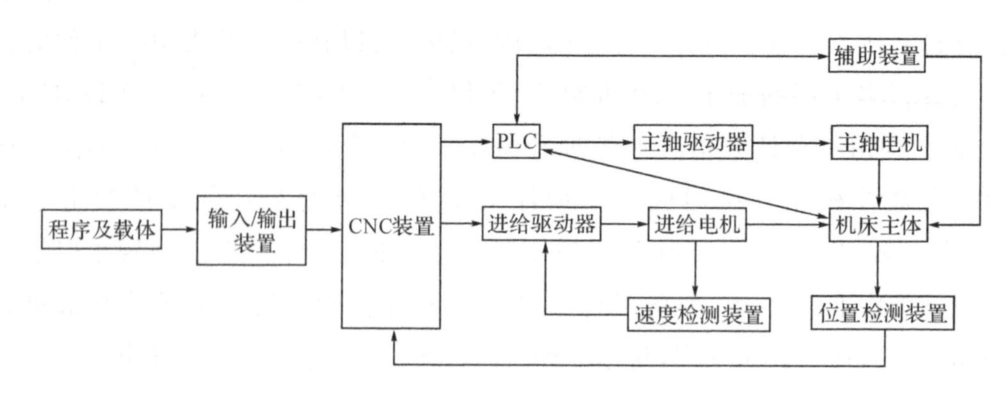

图 1.1 数控机床组成

数控机床的运行由数控加工程序控制。数控加工程序由输入/输出装置传入数控装置并存储在其内部的存储器中，程序运行时数控装置依次处理并发出各种指令信号，信号经伺服驱动器、PLC 等处理放大后驱动各执行部件，相应的检测装置会实时检测执行部件的运行情况并反馈给数控装置，确保机床的运行与程序中的指令完全吻合。

1.2.1 数控加工程序及载体

数控加工程序是根据被加工零件的图纸，按照工艺要求编制出来的，包括全部用以控制机床运行的指令信息的集合。数控加工程序是一种用户软件，可以存储在数控装置的指定存储单元内，并可随时添加、修改和删除，也可存储在其他信息载体上。早期常使用的信息载体主要为穿孔纸带，目前穿孔纸带已被淘汰，而主要使用磁盘、U盘等各种常用的计算机信息存储介质。

1.2.2 输入/输出装置

数控机床的操作面板是最主要的输入装置，其作用是机床操作者将操作指令输入数控装置。简单的数控加工程序也可以通过操作面板输入，而较长的程序一般是存储在介质上再通过磁盘驱动器或RS232串行通信接口输入数控装置。磁盘驱动器和串行通信接口也可以将存储在数控装置内的数控加工程序输出并存储到载体上，因此它们也是输出装置。

1.2.3 数控装置

数控装置是数控机床的核心。目前主要采用的是计算机数控装置也称为CNC装置，它本质上是一台由特定的硬件和软件组成的专用计算机。其硬件组成与一般的计算机基本相似，也是由各种输入输出接口电路、内部总线、微处理器(CPU)、存储器等组成。其软件是为了实现CNC系统的各项控制功能而编制的专用软件，又称为系统软件。

1.2.4 伺服驱动系统

伺服驱动系统是数控机床的执行机构之一，执行由CNC装置输出的运动指令。伺服驱动系统是由伺服驱动器、伺服电动机、检测反馈装置构成。按照有无检测反馈装置和检测装置的类型可将伺服驱动系统分为开环、闭环和半闭环三种控制方式。

CNC装置输出的指令为弱电信号，由伺服驱动器放大成强电信号驱动伺服电机运转，同时检测装置将电机或工作台的运行情况反馈给伺服驱动器和数控装置。

1.2.5 机床主体

数控机床的主体包括床身、主轴、进给机构等机械部件，用于完成各种切削加工。与普通机床相比数控机床的主体具有如下特点：(1)机床构件的刚度高、抗震性好、热变形小。(2)机械传动结构简单，传动链缩短。(3)采用效率高、无间隙、低摩擦系数的传动机构。

1.2.6 辅助装置

数控机床在实现整机的全自动化控制中，为了提高生产率、加工精度等，还需要配备许多辅助装置，如自动换刀装置、自动工件台交换装置、自动对刀装置、自动排屑装置等。

1.3 数控机床的类型

数控机床的品种较为齐全，规格较多，其分类方法尚未有统一规定，可从多个角度对其进行分类。下面是几种常用的分类方法。

1.3.1 按加工功能分类

1. 金属切削类数控机床

这类数控机床有数控车床、铣床、镗床、磨床、刨床、加工中心、齿轮加工机床等，与普通机床种类基本相同。

2. 金属成形类数控机床

包括数控折弯机、弯管机、板材成形加工机床等。

3. 特种加工机床

包括数控线切割机床，电火花机床及激光切割机床等。

4. 其他数控机床

如数控火焰切割机床、数控缠绕机、三坐标测量机等。

1.3.2 按机床运动方式分类

1. 点位控制数控机床

这类机床要求刀具能从一个点精确地移动到另一个点，在移动过程中不进行切削加工，因此也不控制运动轨迹，如数控钻床、数控镗床、数控冲床等。

2. 点位直线控制数控机床

这类机床除了要求控制点与点之间的准确位置外，还需保证刀具的移动轨迹是一条直线，且要进行移动速度控制。一般是沿与坐标轴平行的方向作切削运动，或沿与坐标轴成 45 度的斜线运动，如某些简单的数控车床、镗铣床等。

3. 轮廓控制机床

这类机床的数控系统能同时对 2 个或 2 个以上的坐标轴的瞬间位置和速度进行实时连续控制，即控制刀具运行的轨迹，使其能够加工出任意的曲线、曲面。数控车床、铣床、线切割机床、加工中心等都属于此类机床。

1.3.3　按进给伺服系统的类型分类

1. 开环控制方式

这类数控机床的伺服系统不带位置检测元件，数控装置发出的指令是单向的。其驱动元件一般为步进电机。数控装置每发出一个进给脉冲，经驱动器放大后驱动步进电机转动一个固定的角度，再通过机械传动使工作台运动。步进电机的转角位移量和转速分别取决于数控装置发出脉冲的数目和频率，系统的精度则取决于步进电机的步距精度和机械传动精度，因此其精度低，但其线路简单，调整方便，成本较低，一般用于小型或经济型数控机床。

2. 闭环控制方式

闭环控制系统带有的位置检测元件安装在机床的运动部件上，直接检测工作台的实际位置，并实时反馈给数控装置。数控装置将反馈值与加工程序中的设定值进行比较，利用差值控制伺服电机运行。这类机床一般采用直流伺服电机或交流伺服电机，位置检测元件常用光栅尺、磁栅尺、直线同步感应器等。闭环控制的数控机床加工精度高、速度快，但现场调试、维护困难，成本高，主要应用在精度要求高的高档数控机床上。

3. 半闭环控制方式

半闭环控制系统是将位置检测元件安装在伺服电机主轴或丝杠轴上，用旋转位置检测元件代替了闭环控制中的直线位置检测元件。其控制方式与闭环控制基本相同，只是控制精度有所降低。但半闭环控制系统结构简单、造价较低、不受机械传动装置的影响，容易获得稳定的控制特性，且调试方便，所以应用广泛。如图 1.2 所示为三种控制方式的示意图。

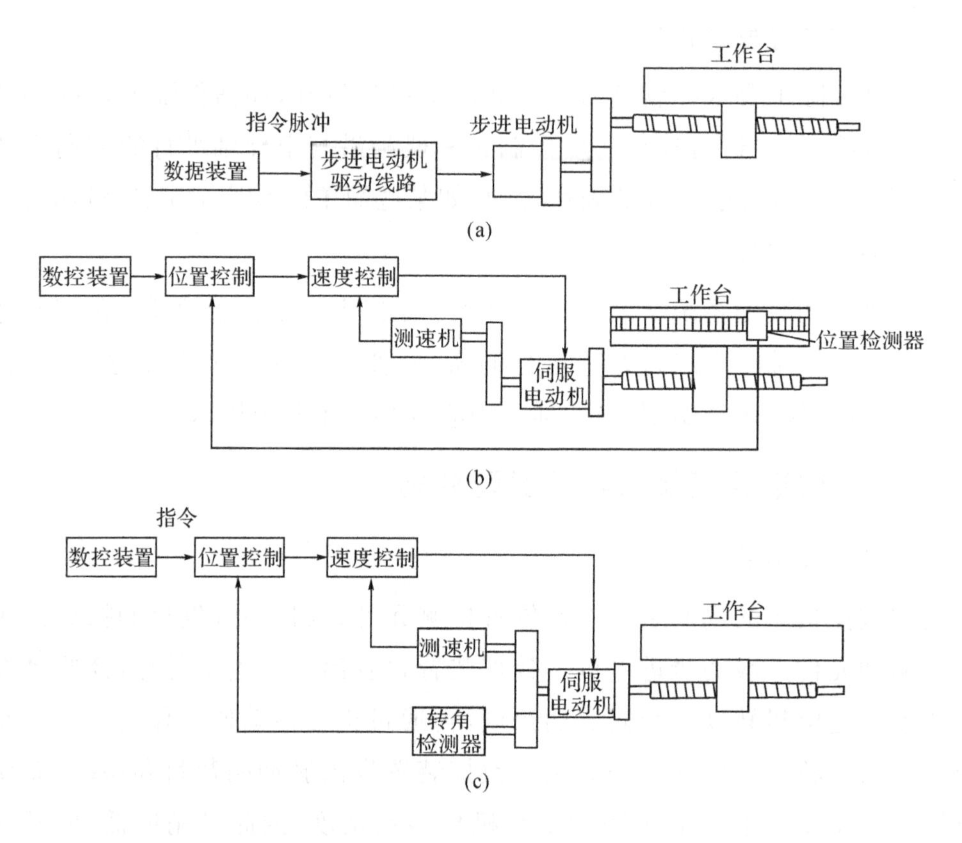

图 1.2　三种控制方式

1.4　数控机床的坐标系

1.4.1　数控机床的坐标轴与运动方向

为了正确控制数控机床的运动，简化编程计算和保证尺寸数据的通用性，有关标准(如国际标准 ISO841，我国部颁标准 JB 3051-82)对数控机床的坐标轴及运动方向作出了如下规定：

(1)不论机床的具体结构是工件静止、刀具运动，还是工件运动、刀具静止，确定坐标系时，一律看作工件相对静止，刀具运动。

(2)机床的直角坐标系是一个右手笛卡尔坐标系，如图 1.3 所示。机床沿某一坐标轴运动的正方向是使刀具与工件间的距离增大的方向。

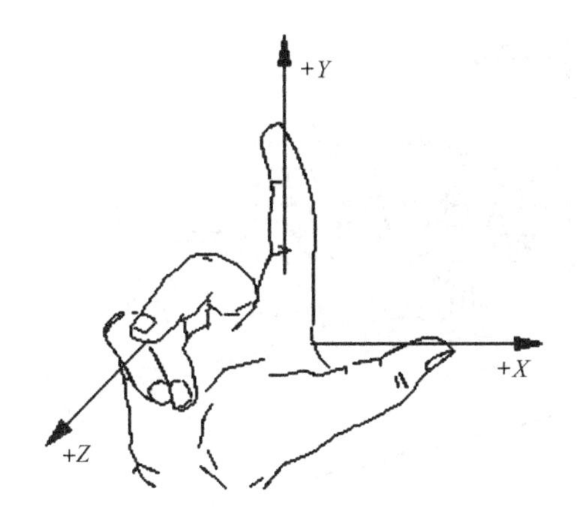

图 1.3　笛卡尔坐标系

(3)用 A、B、C 表示机床的三个旋转运动坐标,其正方向按右手螺旋确定。如图 1.4 所示。

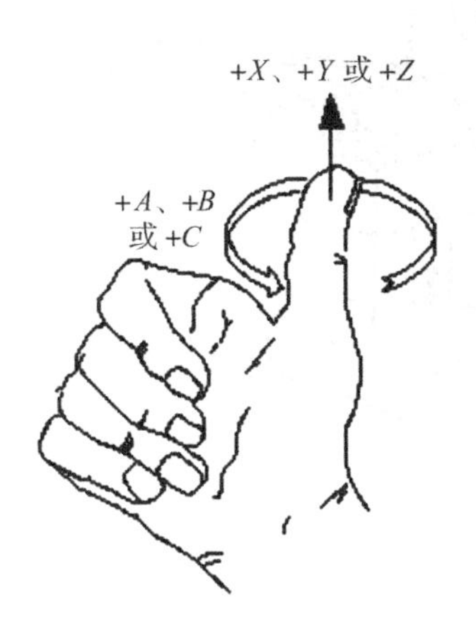

图 1.4　右手法则

(4)除 X、Y、Z 坐标系中的主要直线运动之外,若有第二组平行于它们的坐标运动时,可分别指定为 U、V、W,若还有第三组直线运动,则分别指定为 P、Q、R。如果在第一组旋转运动 A、B、C 存在的同时,还有第二组旋转运动可命名为 D、E。

(5)标准坐标系的坐标原点($X=0$,$Y=0$,$Z=0$)的位置是任意的,A、B、C 运动的原点也是任意的。

(6)主轴的顺时针旋转运动方向(正转)是按右手螺旋确定的刀具进入工件的方向。

图 1.5～图 1.10 给出了不同类型的机床坐标系简图,图中字母表示运动的坐标,箭头表示正方向,带“′”的字母表示刀具固定工件运动坐标。

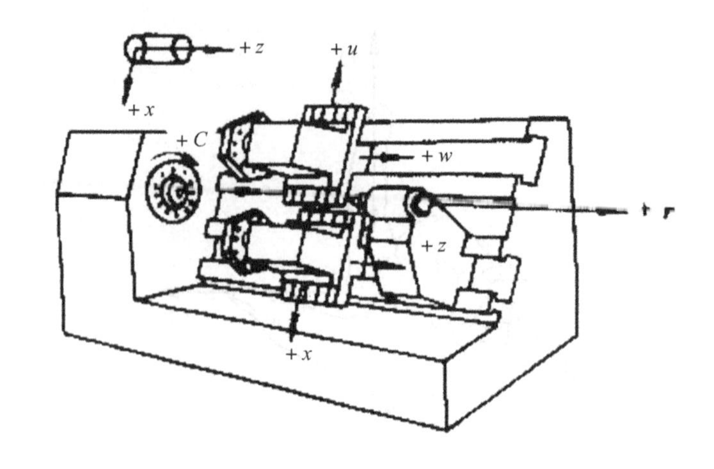

图 1.5　具有可编程尾架的双刀架车床

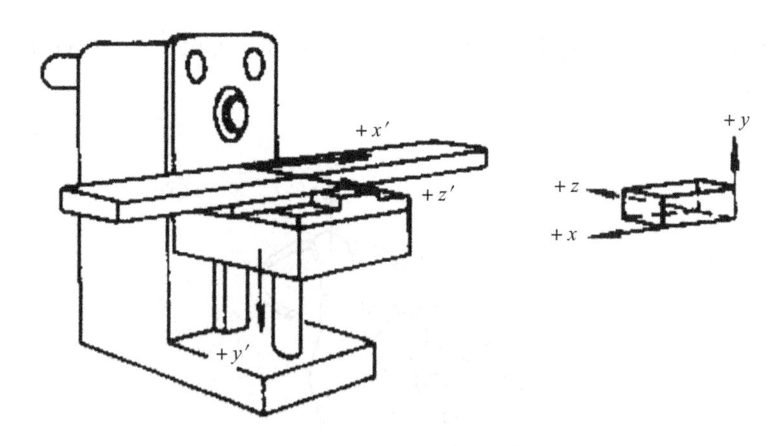

图 1.6　卧式升降台铣床

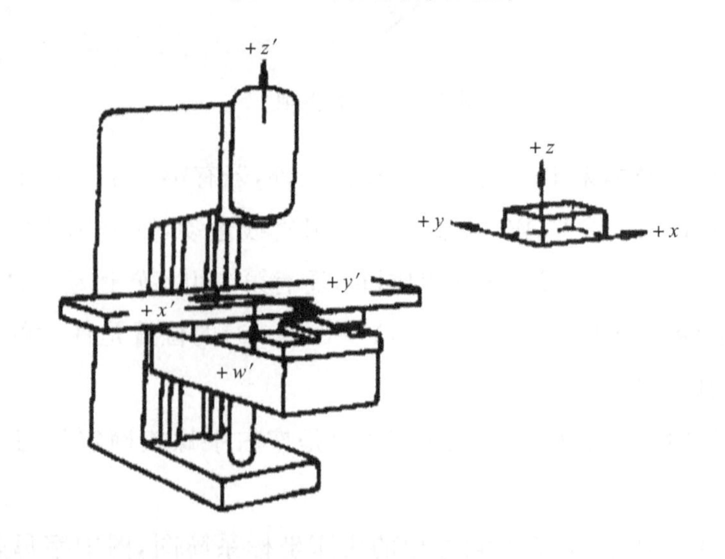

图 1.7　立式升降台铣床

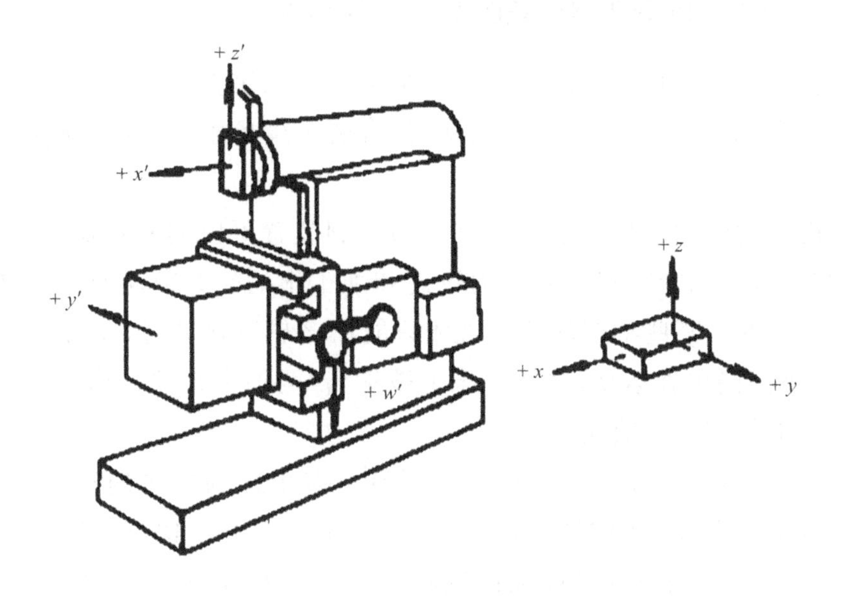

图 1.8　牛头刨床

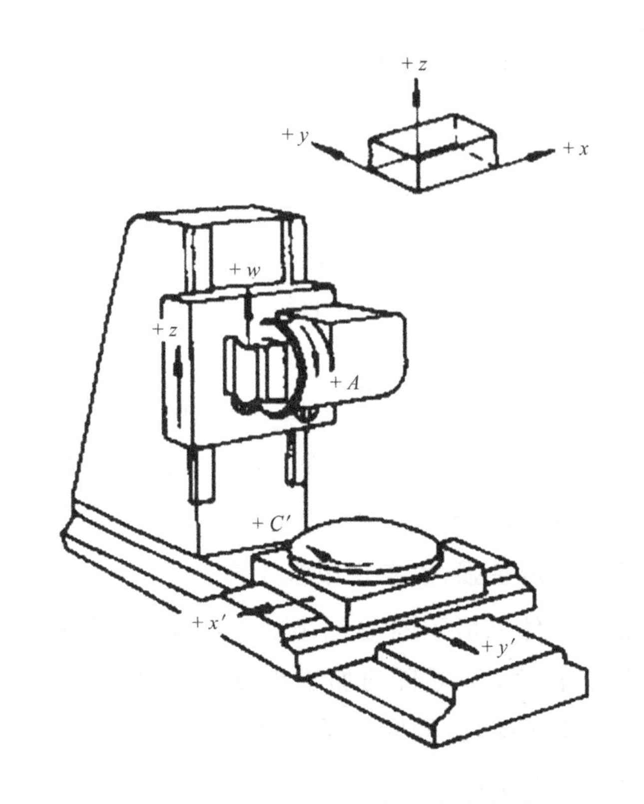

图 1.9　五坐标摆动式铣头数控铣床

1.4.2 数控机床的坐标轴数与联动轴数

数控机床的坐标轴是指机床中有几个采用了数字控制的坐标轴，如数控车床的 Z 方向和 X 方向采用了数控控制，具有两个坐标轴，而数控铣床具有三个坐标轴。

数控机床的联动轴数是指数控机床的控制装置可以同时控制的坐标轴数。联动轴数越多，机床能够实现的运动轨迹和加工出的轮廓就越复杂。数控车床就是两轴联动的。某些早期的数控铣床只能在 Z 轴不运动时，X 轴和 Y 轴实现联动，而 Z 轴只能单独运动，这种机床也被称为“两轴半数控铣床”。目前，大多数数控铣床都能实现三轴联动。

在加工某些复杂曲面时，刀具不仅要有沿着坐标轴方向的直线运动，可能同时还要有绕着坐标轴的旋转运动才能加工出来。对于这类复杂曲面的加工则需要使用四轴联动或五轴联动的数控机床。当然，联动轴数越多，机床的结构和数控装置的功能也越复杂。

1.5 数控机床加工的功能特点与应用

1.5.1 数控机床加工的特点

随着数控机床和编程技术的不断发展，使数控机床加工方法获得了日益广泛的应用。这是因为数控机床加工与普通机床加工相比有许多优点：

1. 自动化程度高

在数控机床上加工零件，除了手工装夹毛坯外，全部加工过程都由机床自动完成，这样就减轻了操作者的劳动强度，也改善了劳动条件。某些数控机床配备有完备的辅助装置后，甚至可以实现“无人化生产”。

2. 对加工对象的适应性强，可实现柔性生产

数控机床上加工零件一般不需要复杂的专用工装，当加工对象改变时，只需要更换刀具和加工程序，就可自动加工出新的零件。这给新产品的研制开发，产品改进、改型提供了捷径，同时也适合于多品种、小批量零件的加工，有利于企业进行激烈的市场竞争。

3. 加工精度高，加工质量稳定

数控加工的尺寸精度通常高于普通机床，且不受零件形状复杂程度的影响。加工中消除了操作者的人为误差，提高了同批零件的尺寸一致性，使产品质量保持稳定。这为提高产品的装配质量和工作效率创造了有利条件，零件废品率大为降低。

4. 具有高的生产效率

数控机床加工的效率高，一方面是由于数控机床具有高的自动化程度，另一方面是加工过程中省去了划线、多次装夹定位、检测等工序，有效地提高了生产效率。

5. 易于建立计算机通信网络

由于数控机床使用数字信息控制，其控制器本身就是一台专用计算机，目前大多数数控装置都具有通信接口，可以方便地与其他计算机进行联网。

6. 对机床的维护、操作和编程人员的要求较高

数控机床的价格昂贵、技术复杂，为了保证机床正常合理的运行，提高利用率，保持良好的经济效率，因此机床维护、操作和编程人员都应具有较高的技术水平和良好的职业素质。

1.5.2　数控机床加工的应用范围

数控机床是一种高度自动化的机床，具有一般机床所不具备的许多优点，所以数控机床加工的应用越来越广泛。

根据国内外数控技术应用的实践，数控加工技术的适用范围可以用图 1-10 粗略地表示。图(a)表明，随着零件复杂程度和生产批量的不同，三类机床适用范围的变化：当零件不太复杂，生产批量又较小时，宜采用通用机床；当生产批量特别大时，宜采用专用机床；而随着零件的复杂程度的提高，数控机床变得越来越适用。现在，随着对数控机床应用的普及和对其优点认识的提高，数控机床的使用范围正在往零件复杂性较低的方向扩大。

图(b)所示为随着生产批量不同，采用通用机床、专用机床和数控机床加工时，生产成本的比较。由图中可见，在多品种、小批量的情况下，使用数控机床能获得较高的经济效益。近几年数控机床的价格逐年下降，使得适用数控机床的批量区间扩大。

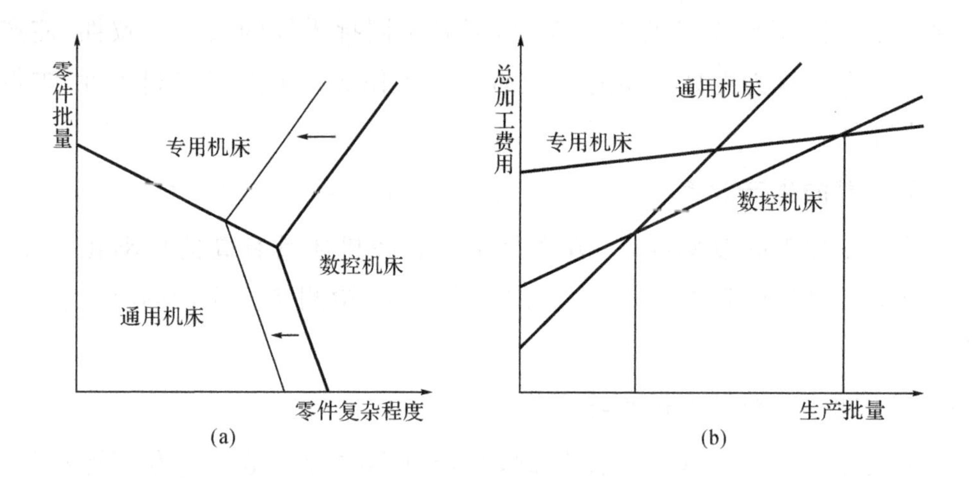

图 1.10　数控加工技术的适用范围

第 2 章　数控机床选型、验收及日常保养

2.1　数控机床的选型

进入 20 世纪 80 年代以来，数控机床的品种日趋繁多，机床的性能也日趋完善，功能齐全，价格也随功能的增多而成倍增长。如何从品种繁多、价格昂贵的数控设备中，选择经济适宜的设备及其配套的附件、软件技术是各机床应用厂家必须认真对待的问题。

2.1.1　数控机床类型的选用

数控机床的品种很多，每一种机床适用一定的加工范围，只有在这个范围内使用才能达到最佳的效果。

一个工厂往往有很多零件需要加工，首先应确定哪些零件或哪些工序要用数控机床加工，然后用成组技术把这些零件归类，确定出典型零件，根据典型零件来确定数控设备的类型：属旋转体的表面加工应选车床类；非回转体类的应选镗铣床类；工件大的应选龙门式的机床；零件安装很费时间的可选交换工作台式的加工中心；箱体类、阀体类及泵体类零件应选卧式镗铣加工中心；而箱盖、壳体等单面加工的零件应选立式加工中心。要选用立式加工中心加工箱体类零件，需要更换定位基准，增加装夹次数，势必降低生产效率和加工精度；而要用卧式加工中心加工盖板类零件，就需配置弯板等夹具，这就降低了工艺系统刚性，势必影响生产效率。

2.1.2　规格的选用

典型零件确定之后，就依据其尺寸确定机床的规格，需要几个坐标、各坐标的行程、工作台面积。一般情况下零件的轮廓尺寸应小于工作台的尺寸；若大于工作台尺寸则应使加工部分的尺寸在机床相应轴的行程允许范围内，同时还要考虑工作台的承载能力，换刀空间是否够用，工作台回转时会不会与机床防护罩及附件发生干涉。

在选择规格时既要有一定的余地，又不能盲目地选大规格多坐标的，以免增加成本。

2.1.3 机床精度的选择

选择数控机床的精度应根据典型零件的关键部位的精度要求来选择。目前加工中心按精度分为普通型和精密型两种。

一台加工中心的精度有很多项，国际上有统一的标准，各国也有自己的相应标准。加工中心主要的精度是：

(1)单轴定位精度

普通型±0.01mm/330mm 或全长；

精密型±0.005mm/全长。

(2)单轴重复定位精度

普通型±0.006mm；

精密型±0.003mm。

(3)铣圆精度

普通型 0.03～0.04mm；

精密型 0.02mm。

加工中心的其他各项精度都与上述三项精度有一定的对应关系。

普通型的数控机床进给伺服系统多半是半闭环控制的，精密型的为闭环控制的。

一般来讲，合理选择数控机床的精度可以解决零件加工精度的 50%，另外 50%则需要通过合理的工艺措施来解决。

2.1.4 数控系统的选择

目前世界各国生产的数控系统种类繁多，在众多的数控系统中选择合乎要求的数控系统并不难，难的是所选的系统既能满足要求又要价格便宜，一般应遵循以下原则：

(1)根据加工需要选择类型：车、铣、磨、冲、电加工等。

(2)根据机床设计指标选择相匹配的系统。

(3)根据加工要求选择功能，数控系统的功能一般分基本功能和选择功能，机床报价只包含基本功能，选择功能则另外计价，选择时应慎重考虑，以免浪费。

(4)订购时选好系统,其功能应一次订全,这样综合价格能便宜些。如漏订功能,有的无法补订,影响设备的正常使用。

(5)机械加工工时和节拍估算。在选购数控机床时必须计算一下在本机床的机械加工时间,估算一下生产节拍,以便使生产能均衡进行,避免瓶颈出现。

$$T_{工序}=t_{切}+t_{辅}+t_{换刀}$$

其中:$t_{辅}=t_{切}(10\%\sim20\%)$

$t_{换刀}=(7\sim20)\,s$

(6)自动换刀装置和刀柄的选择。具有自动换刀装置(ATC)是铣削加工中心、车削加工中心以及带交换冲头的数控冲床的基本特征,ATC 的质量直接关系到整机的质量,而且 ATC 的投资又比较大,因此用户必须重视和认真选择 ATC,使刀库的存储量和 ATC 工作的可靠性满足生产需要。

ATC 确定后,就要根据加工需要和主轴的结构,确定刀柄、刀具。我国将成都工具研究所制定的 TSG 工具系统作为国家标准。

刀柄的选择需注意以下几项:

①锥度

②刀柄直径尺寸

③拉钉尺寸

④刀杆结构刀头形式:有通用与专用、整体与模块之分。一般原则是先通用后专用;先整体后模块。

(7)电机的选择。电机的选择包括进给伺服电机的选择和主电机的选择。

①进给伺服电机的选择　为了提高传动精度,数控机床和加工中心的进给传动链力求简短。因此目前多采用伺服电机直接带动丝杠作为主要传动环节,电机的功率及转矩应与负载相适应。

②主电机的选择　选择主电机应满足转速及功率的要求。

(8)选择功能及附件的确定。工作台的数量,控制的轴数,回转工作台,数控分度头,主轴的定位与分度以及滚丝钻横孔,滚齿搓丝铣键槽等功能都需在订货时一并确定。

2.2 数控机床的安装、调试和验收

数控机床的安装与调试工作是指将数控机床安装到工作现场，直至能正常工作的这一阶段所做的工作。

对于小型数控机床，它的安装与调试工作比较简单。它和一些机电一体化设计的小型机床一样，到安装现场后不要组装连接，由于它的整体刚性很好，对机床地基没有什么特殊要求，一般只要通上电源，调整床身水平后就可投入使用。对于大中型数控机床，由于机床制造厂发货时已将数控机床解体成几个部分，到用户后就要进行重新组装和调试，较小型数控机床复杂。

现以大中型数控机床为例，介绍数控机床的安装与调试过程。

2.2.1 机床初就位和连接

用户在机床到达之前应按机床制造商提供的机床基础图做好机床基础，在安装地脚螺栓的部位做好预留孔。

当数控机床运到后，按开箱手续把机床部件运至安装场地。然后，按说明书中的介绍把组成机床的各大部件分别在地基上就位。就位时，垫铁、调整垫块和地脚螺栓等相应对号入座。

然后把机床各部件组装成整机，如将立柱、数控柜、电气柜装在床身上，刀库机械手装到立柱上，在床身上装上接长床身等。组装时要使用原来的定位销、定位块和定位元件，使安装位置恢复到机床拆卸前的状态，以利于下一步的精度调试。

部件组装完成后就进行电缆、油管和气管的连接。机床说明书中有电气接线图和气、液压管路图，应据此把有关电缆和管道按标记一一对号接好。

在这一阶段要注意的事项有：

(1)机床拆箱后首先找到随机的文件资料，找出机床装箱单，按照装箱单清点各包装箱内零部件、电缆、资料等是否齐全。

(2)机床各部件组装前，首先去除安装连接面、导轨和各运动面上的防锈涂料，做好各部件外表清洁工作。

(3)连接时特别要注意清洁工作和可靠的接触及密封，并检查有无松动和损坏。电缆插上后一定要拧紧紧固螺钉，保证接触可靠。油管、气管连接要特

别防止异物从接口中进入管路，造成整个液压系统故障，管路连接时每个接头都要拧紧。否则在试车时，尤其在一些大的分油器上如有一根管子漏油，往往需要拆下一批管子，返修工作量很大。电缆和油管连接完毕后，要做好各管线的就位固定，防护罩壳的安装，保证整齐的外观。

2.2.2　数控系统的连接和调整

(1)数控系统的开箱检查。无论是单个购入的数控系统还是与机床配套整机购入的数控系统，到货开箱后都应进行仔细检查。检查包括系统本体和与之配套的进给速度控制单元和伺服电动机、主轴控制单元和主轴电动机。检查它们的包装是否完整无损，实物和订单是否相符。此外，还应检查数控柜内各插接件有无松动，接触是否良好。

(2)外部电缆的连接。外部电缆连接是指数控装置与外部 MDI/CRT 单元、强电柜、机床操作面板、进给伺服电动机动力线与反馈线、主轴电动机动力线与反馈信号线的连接及与手摇脉冲发生器等的连接。应使这些符合随机提供的连接手册的规定。最后还应进行地线连接。

(3)数控系统电源线的连接。应在切断数控柜电源开关的情况下连接数控柜电源变压器原边的输入电缆。

(4)设定的确认。数控系统内的印刷线路板上有许多用跨接线短路的设定点，需要对其适当设定以适应各种型号机床的不同要求。

(5)输入电源电压、频率及相序的确认。各种数控系统内部都有直流稳压电源，为系统提供所需的＋5V，±5V，＋24V 等直流电压。因此，在系统通电前，应检查这些电源的负载是否有对地短路现象。可用万用表来确认。

(6)确认直流电源单元的电压输出端是否对地短路。

(7)接通数控柜电源，检查各输出电压。在接通电源之前，为了确保安全，可先将电动机动力线断开。接通电源之后，首先检查数控柜中各个风扇是否旋转，就可确认电源是否已接通。

(8)确认数控系统各种参数的设定。

(9)确认数控系统与机床侧的接口。

完成上述步骤，可以认为数控系统已经调整完毕，具备了与机床联机通电试车的条件。此时，可切断数控系统的电源，连接电动机的动力线，恢复报警设定。

2.2.3 通电试车

按机床说明书要求给机床润滑、润滑点灌注规定的油液和油脂，清洗液压油箱及过滤器，灌入规定标号的液压油。液压油事先要经过过滤。接通外界输入的气源。

机床通电操作可以是一次各部件全面供电，或各部件分别供电，然后再作总供电试验。分别供电比较安全，但时间较长。通电后首先观察有无报警故障，然后用手动方式陆续启动各部件。检查安全装置是否作用，能否正常工作，能否达到额定的工作指标。例如，启动液压系统时先判断油泵电机转动方向是否正确，油泵工作后液压管路中是否形成油压，各液压元件是否正常工作，有无异常噪声，各接头有无渗漏，液压系统冷却装置能否正常工作等。总之，根据机床说明书资料粗略检查机床主要部件，功能是否正常、齐全，使机床各环节都能操作运动起来。

然后，调整机床的床身水平，粗调机床的主要几何精度，再调整重新组装的主要运动部件与主机的相对位置，如机械手、刀库与主机换刀位置的校正，APC托盘站与机床工作台交换位置的找正等。这些工作完成后，就可以用快干水泥灌注主机和各附件的地脚螺栓，把各个预留孔灌平，等水泥完全干固以后，就可进行下一步工作。

在数控系统与机床联机通电试车时，虽然数控系统已经确认，工作正常无任何报警，但为了预防万一，应在接通电源的同时，作好按压急停按钮的准备，以备随时切断电源。例如，伺服电动机的反馈信号线接反了或断线，均会出现机床“飞车”现象，这时就需要立即切断电源，检查接线是否正确。

在检查机床各轴的运转情况时，应用手动连续进给移动各轴，通过CRT或DPL(数字显示器)的显示值检查机床部件移动方向是否正确。如方向相反，应检查设定的参数和硬件连接线的极性(相位)是否正确。然后检查各轴移动距离是否与移动指令相符。如不符，应检查有关指令、反馈参数，以及位置控制环增益等参数设定是否正确。

随后，再用手动进给，以低速移动各轴，并使它们碰到超程开关，用以检查超程限位是否有效，数控系统是否在超程时发出报警。

最后，还应进行一次返回基准点动作。机床的基准点是以后机床进行加工的程序基准位置，因此，必须检查有无基准点功能及每次返回基准点的位置是否完全一致。

2.2.4　机床精度和功能的调试

在已经固化的地基上用地脚螺栓和垫铁精调机床主床身的水平，找正水平后移动床身上的各运动部件（主柱、溜板和工作台等），观察各坐标全行程内机床的水平变换情况，并相应调整机床几何精度使之在允许误差范围之内。使用的检测工具有精密水平仪、标准方尺、平尺、平行光管等。在调整时，主要以调整垫铁为主，必要时可稍微改变导轨上的镶条和预紧滚轮等。一般来说，只要机床质量稳定，通过上述调试可将机床调整到出厂精度。

让机床自动运动到刀具交换位置（可用 G28 Y0 Z0 或 G30 Y0 Z0 等程序），用手动方式调整装刀机械手和卸刀机械手相对主轴的位置。在调整中采用一个校对心棒进行检测，有误差时可调整机械手的行程，移动机械手支座和刀库位置等，必要时还可以修改换刀位置点的设定（改变数控系统内的参数设定）。调整完毕后紧固各调整螺钉及刀库地脚螺栓，然后装上几把接近规定允许重量的刀柄，进行多次从刀库到主轴的往复自动交换，要求动作准确无误，不撞击，不掉刀。

带 APC 交换工作台的机床要把工作台运动到交换位置，调整托盘站与交换台面的相对位置，达到工作台自动换刀时动作平稳、可靠、正确。然后在工作台面上装上 70%～80%的允许负载，进行多次自动交换动作，达到正确无误后再紧固各有关螺钉。

仔细检查数控系统和 PLC 装置中参数设定值是否符合随机资料中规定数据，然后试验各主要操作功能、安全措施、常用指令执行情况等。例如，各种运行方式（手动、点动、MDI、自动方式等），主轴挂挡指令，各级转速指令等是否正确无误。

在机床调整过程中，一般要修改和机械有关的 NC 参数，例如各轴的原点位置、换刀位置、工作台相对主轴位置、托盘交换位置等；此外，还要修改和机床部件相关位置有关参数，如刀库刀盒坐标位置等。修改后的参数应在验收后记录或存储在介质上。

检查辅助功能及附件是否正常工作，例如机床的照明灯，冷却防护罩盒各种护板是否完整；往切削液箱中加满切削液，试验喷管是否能正常喷出切削液；在用冷却防护罩条件下切削液是否外漏；排屑器能否正确工作；机床主轴箱的恒温油箱能否起作用等。

2.2.5 试运行

数控机床安装调试完毕后，要求整机在带一定负载条件下经过一段较长时间的自动运行，以较全面地检查机床功能及工作可靠性。运行时间尚无统一的规定，一般采用每天运行8h，连续运行2～3天；或24h连续运行1～2天。这个过程称作安装后的试运行。试运行中采用的程序叫考核程序，可以直接采用机床厂调试时用的考核程序或自行编制一个。考核程序中应包括：主要数控系统的功能使用，自动更换取用刀库中三分之二的刀具，主轴的最高、最低及常用的转速，快速和常用的进给速度，工作台面的自动交换，主要M指令的使用等。试运行时机床刀库上应插满刀柄，取用刀柄重量应接近规定重量，交换工作台面上也应加上负载。在试运行时间内，除操作失误引起的故障以外，不允许机床有故障出现，否则表明机床的安装调试存在问题。

2.2.6 数控机床的验收

1. 验收的基本概念

数控机床的验收大致分为两大类：一类是对于新型数控机床样机的验收，它由国家指定的机床检测中心进行；另一类是一般的数控机床用户验收其购置的数控设备。

对于新型数控机床样机的验收，需要进行全方位的试验检测。它需要使用各种高精度仪器来对机床的机、电、液、气等各部分及整机进行综合性能及单项性能的检测，包括进行刚度和热变形等一系列机床试验，最后得出对该机床的综合评价。

对于一般的数控机床用户，其验收工作主要根据机床出厂检验合格证上规定的验收条件及实际能提供的检测手段来部分地或全部测定机床合格证上的各项技术指标。如果各项数据都符合要求，则用户应将此数据列入该设备进厂的原始技术档案中，作为日后维修时的技术指标依据。

一般数控机床用户在数控机床验收工作中要做的一些主要工作包括：

(1)机床外观检查。

(2)机床性能和数控功能试验。

(3)机床几何精度检查。

(4)机床定位精度检查。

(5)机床切削精度检查。

2. 机床外观检查

机床外观要求一般可按照通用机床有关标准,但数控机床是价格昂贵的高技术设备,对外观的要求就更高。对各级防护罩、油漆质量、机床照明、切屑处理、电线和气、油管走线固定防护等都有进一步要求。

在对数控机床作详细检查验收以前,还应对数控柜的外观进行检查验收,应包括下述几个方面:

(1)外表检查

用肉眼检查数控柜中的各单元是否有破损、污染、连接电缆捆绑是否有破损、屏蔽层是否有剥落现象。

(2)数控柜内部件紧固情况检查

①螺钉紧固检查。

②连接器紧固检查。

③印刷线路板的紧固检查。

(3)伺服电动机的外表检查

特别是对带有脉冲编码器的伺服电动机的外壳应作认真检查,尤其是后端盖处。

3. 机床性能及 NC 功能试验

数控机床性能试验一般有十几项内容。现以一台立式加工中心为例说明一些主要的项目。

(1)主轴系统性能

(2)进给系统性能

(3)自动换刀系统

(4)机床噪声。机床空运转时的总噪声不得超过标准规定(80dB)。

(5)电气装置

(6)数字控制装置

(7)安全装置

(8)润滑装置

(9)气、液装置

(10)附属装置

(11)数控机能。按照该机床配备数控系统的说明书,用手动或编程序自动的方法,检查数控系统主要的使用功能。

(12)连续无载荷运转。机床长时间连续运行(如 8h、16h 和 24h 等),是综合检查整台机床自动实现各种功能可靠性的最好办法。

4. 机床几何精度检查

数控机床的几何精度是综合反映该设备的关键机械零部件和组装后的几何形状误差。以下列出一台普通立式加工中心的几何精度检测内容:

(1)工作台面的平面度

(2)各坐标方向移动的相互垂直度

(3)X 坐标方向移动时工作台面的平行度

(4)Y 坐标方向移动时工作台面的平行度

(5)X 坐标方向移动时工作台面 T 形槽侧面的平行度

(6)主轴的轴向窜动

(7)主轴孔的径向跳动

(8)主轴箱沿 Z 坐标方向移动时主轴轴心线的平行度

(9)主轴回转轴心线对工作台面的垂直度

(10)主轴箱在 Z 坐标方向移动的直线度

5. 机床定位精度检查

数控机床的定位精度有其特殊意义。它是表明所测量的机床各运动部件在数控装置控制下运动所能达到的精度。因此,根据实测的定位精度数值,可以判断出这台机床以后自动加工中能达到的最好的工件加工精度。

定位精度主要检查内容有:

(1)直线运动定位精度(包括 X、Y、Z、U、V、W 轴)

(2)直线运动重复定位精度

(3)直线运动轴机械原点的返回精度

(4)直线运动失动量的测定

(5)回转运动定位精度(转台 A、B、C 轴)

(6)回转运动的重复定位精度

(7)回转轴原点的返回精度

(8)回轴运动失动量测定

6. 机床切削精度检查

机床切削精度检查实质是对机床的几何精度和定位精度在切削和加工条件下的一项综合考核。一般来说,进行切削精度检查的加工,可以是单项加工或加工一个标准的综合性试件。国内多以单项加工为主。对于加工中心，主要单项精度有：

(1)镗孔精度

(2)端面铣刀铣削平面的精度(X-Y 平面)

(3)镗孔的孔距精度和孔径分散度

(4)直线铣削精度

(5)斜线铣削精度

(6)圆弧铣削精度

(7)箱体掉头镗孔同心度(对卧式机床)

(8)水平转台回转 90°铣四方加工精度(对卧式机床)

2.3　数控机床的使用原则及日常保养

2.3.1　数控机床的合理选用

安排数控机床加工的基本原则主要有以下五点。

1. 安排重复生产的零件

数控机床、加工中心加工零件所需的准备工作，如工艺准备、程序的编制、零件的安装试切、调整等，比普通机床加工所需的准备工作往往要高出几十倍。将这些信息保存，待再生产同样零件时，其准备时间可大大缩短，其经济效益就十分可观。因此重复投产的零件安排在数控机床和加工中心上加工是有利的。同时一些尺寸精度高、形位误差小、几何形状复杂，在普通机床难以达到质量要求的零件也应安排在数控机床上加工。另外某些工序长，所需刀具种类多的零件，可按工序集中的原则安排在加工中心上加工也是有利的。

2. 要求精度较高的中小批量零件

一些要求精度高、加工一致性好，且要求高效率生产的中小批量零件是加工中心最适合的加工对象，由于设备是按编制好的固定程序自动运行，因此消除了操作人员操作技能的影响。

3. 工件的批量应大于经济批量

统计资料表明，中小批零件，使用普通机床加工时其切削时间只占工时的10%～20%；而加工中心及数控机床调整时间比普通机床长。若零件批量太小，用数控机床和加工中心就不经济，有经济批量计算方法可供参考：

$$经济批量=\frac{加工中心准备工时-普通机床准备工时}{K(普通机床单件加工工时-加工中心单件加工工时)}$$

数控机床及加工中心的准备工时由工艺准备、程序准备、机床调试、程序试运行、试切组成，前三项是真正占用机床的时间，因此重复投产的零件工艺准备，程序准备还应除以重复投产次数。

修正系数K是考虑成本的因素，一般 $K \geqslant 2$。

由上式可以看出经济批量与数控机床准备工时成正比例变化。这个准备工时对初期使用机床的人和熟练者相比差距很大，可差几倍到几十倍。随着数控机床使用水平的提高，技术设备所需工具日益齐全，数控系统功能越来越丰富，经济批量可以越来越小。对一般复杂零件有10件的批量就可以考虑在加工中心上安排。一些数控机床使用水平高的工厂，单件生产也常安排在加工中心上进行。

4. 适合加工中心工艺特点的零件

由于加工中心工序集中和具有自动换刀的特点，故零件的工艺安排应尽可能符合这些特点，尽可能在一次安装中完成尽量多的加工工序。

5. 零件尺寸加工部位应与机床规格相适应。

零件加工尺寸应与机床的各向行程、工作台的大小、承重相适应。工件安装后有足够的换刀空间。

2.3.2 数控机床的维护

数控机床是一种高精度、高效率、高价格的机电一体化设备。为了充分发挥数控机床的作用，每一个操作者都应做到安全操作，并做好日常维护工作。

1. 机床安全操作规程

数控机床的安全操作规程是保证机床安全、高效运行的重要措施之一。不同类型的数控机床、其安全操作规程的具体内容也不一样，操作者必须在加工操作之前，认真、仔细地阅读并掌握其规程的全部内容，并逐条逐项贯彻落实在实际工作中。

数控机床的安全操作规程包括基本操作规程和生产实施操作规程两类。

(1)基本操作规程

①为避免造成人身或设备伤害，应检查各种安全防护装置(如限位行程开

关等)是否齐全、有效,并在加工开始前关闭好防护罩。

②检查机床配套的稳压电源工作是否正常。

③严格按照机床说明书中所规定的开机、关机顺序和各项步骤进行操作,不得随便调整电器及修改有关参数。

④开机后,检查数控系统及有关电气柜中的散热风机是否工作正常。

⑤加工前必须认真校验加工程序,以防止因编程不当而造成破坏性(如碰撞等)事故。

⑥机床正常运行时,不允许随意开、关电气柜及数控系统的“门”,以防止金属粉尘等进入;也不得轻易按动“RESET”复位键,以免因数据丢失造成操作失误。

⑦非特殊或紧急情况,禁止按动“EMERGENCY　STOP”急停键,以避免发生连带事故,并有利于保护机床。

(2)生产实施操作规程

这里以加工中心为例,简单介绍其操作规程,其他数控机床的操作规程与之大同小异。

①机床通电后,检查电压、气压、油压是否正常,各种开关、按钮和键是否灵活,并对各手动润滑部位进行润滑。

②各坐标轴手动方式回零(机械原点)。如某轴在回零前已在零位,必须先将该轴移动离开零点一段距离后,再进行手动回零。

③机床空运转15min以上达到热平衡状态。

④按工艺规程安装找正夹具。

⑤建立工件坐标系。

⑥输入加工程序后,通过检索操作,认真核对代码、指令、地址、数值等,保证其输入准确无误。然后对加工程序空运行一次,观察程序能否顺利通过并无超程现象。

⑦检查刀具系统的安装以及刀具的类型和尺寸等参数,是否符合加工工艺的要求,并输入刀具补偿的有关内容。

⑧首件加工前必须按照图样和工艺卡等技术资料的要求,进行逐把刀逐段程序的试切(单段试切时,倍率开关应置于100%倍率挡),并同时验证z轴剩余坐标值和x、y轴坐标值与图样要求是否一致。

⑨在加工过程中,注意观察屏幕上的有关信息显示,掌握各种加工状态,当刀具重新刃磨或更换刀具、辅具后,一定要重新测量刀具长度并修改刀补值和

刀补号。

⑩手摇进给和手动连续进给操作时，必须检查各种开关所选择的位置是否正确，弄清正、负方向，认准按键，然后再进行操作。

⑪整批零件加工完成后，应核对刀具号、刀补值，使加工程序、偏置显示、工艺卡及其刀具号、刀补值完全一致。

⑫将刀具按规定清理编号入库。

⑬卸下夹具，并对特殊夹具的安装位置及方法做好记录以便存档。

⑭将加工程序制成穿孔带或录入磁带(盘)后一并与工艺等全套资料存档。

⑮清扫机床，将各坐标轴停在中间位置。关闭电源。

2. 数控机床的日常维护

数控机床的日常维护和保养是操作者必不可少的一项工作。其日常维护和保养工作的具体内容，在各数控机床使用说明书等资料中，都有明确的规定，其主要内容如下：

(1)保证机床主体良好的润滑状态

定期检查、清洗自动润滑系统，添加或更换润滑油脂及油液，保证导轨、滑板、立柱、丝杠副等运动部位始终保持良好的润滑状态，以降低机械磨损，延长其使用寿命。

(2)机械精度的检查、调整

定期对机床的换刀系统、工作台交换系统，特别是螺旋传动机构的反向间隙等综合机械间隙(含各运动部件间的形状和位置误差)进行检查和调整，以保持机床的加工精度。

(3)重要部件的检查、清扫

对数控系统、自动输入装置及直流伺服电动机等重要部件，应定期进行必要的检查和清扫，及时消除其隐患。如光电阅读机的受光部位，即长钨丝灯泡、聚光透镜、光敏元件太脏会发生输入(读码)错误；又如数控系统中空气过滤网太脏，会因机箱内冷却空气的通道不畅，造成温升过高，影响系统工作的可靠性；或因系统内的灰尘(特别是金属粉尘)太多，使印刷电路板上的线路发生短路故障等。

(4)注意更换存储器用电池

为了在停机或瞬间断电时不丢失数据，采用CMOS存储器储存程序内容及各种参数的数控系统由专用电池对存储器供电。当从数控系统的显示器上显示出电池电压过低的信息或发生报警信号时，应在电源开启的情况下，及时或定期对该电池进行更换，并注意其正、负极性。

(5)对长期不用的数控机床，应经常通电

数控机床不宜长期不用，否则会因受潮等原因而使电子元器件变质或损坏。当因故较长时间不用时，仍应定期通电，对其数控系统最好每周通电 1～2 次，每次在锁定机床运动部件的情况下，空运行 1 小时左右为宜。

(6)另外，在使用数控机床时，还要注意下述几个方面：

①应尽量少开数控柜的门。因为机加工车间空气中飘浮的灰尘、油雾和金属粉末落在印刷线路板或电子组件上，很容易造成元器件间绝缘电阻下降，从而发生故障甚至使元器件及印刷线路板损坏。有些数控机床的主轴速度控制单元安装在强电柜中，强电柜关得不严是使电气部件损坏、主轴控制失灵的一个原因。

②定期更换直流电动机电刷。如果数控机床上用的是直流伺服电动机和直流主轴电动机，应对电刷进行定期检查。检查周期随机床品种和使用频繁程度而异，一般为半年或一年检查一次。如果数控机床闲置不用半年以上，应将电刷从电动机中取出，以免由于化学腐蚀作用，使换向器表面腐蚀，引起换向性能变坏，甚至损坏整台电机。

③尽量提高数控机床利用率。由于数控机床价格昂贵，结构复杂，数控系统出现故障时用户又难以排除，因此有些用户从“保护”设备出发，宁可闲置，只有在万不得已时才启用，设备利用率极低。其实，这种保护方法是不可取的，尤其是对于数控系统，更是如此。因为数控系统是由成千上万个电子器件组成，而它们的性能和寿命具有很大的离散性。它们虽经严格率筛选，但在使用过程中仍不免会有某些元件出现故障。因此，可以认为数控系统存在着一种失效率曲线，即故障曲线。

第3章　机械加工工艺基础知识

3.1　机械加工工艺的基本概念

3.1.1　机械加工工艺及流程

机械加工工艺是指用机械加工的方法改变毛坯的形状、尺寸、相对位置和性质使其成为合格零件的全过程，加工工艺是工人进行加工的一个依据。

机械加工工艺流程是工件或者零件制造加工的步骤，采用机械加工的方法，直接改变毛坯的形状、尺寸和表面质量等，使其成为零件的过程称为机械加工工艺过程。比如一个普通零件的加工工艺流程是粗加工-精加工-装配-检验-包装，就是个加工的笼统的流程。

机械加工工艺就是在流程的基础上，改变生产对象的形状、尺寸、相对位置和性质等，使其成为成品或半成品，是每个步骤、每个流程的详细说明，比如，上面说的，粗加工可能包括毛坯制造、打磨等等，精加工可能分为车、钳工、铣床等等，每个步骤就要有详细的数据了，比如粗糙度要达到多少，公差要达到多少。

技术人员根据产品数量、设备条件和工人素质等情况，确定采用的工艺过程，并将有关内容写成工艺文件，这种文件就称工艺规程(机械加工工艺过程综合卡片)。这个就比较有针对性了，每个企业都可能不太一样，因为实际情况都不一样。

总的来说，工艺流程是纲领，加工工艺是每个步骤的详细参数，工艺规程是企业根据实际情况编写的特定的加工工艺。

机械加工工艺规程是规定零件机械加工工艺过程和操作方法等的工艺文件之一，它是在具体的生产条件下，把较为合理的工艺过程和操作方法，按照规定的形式书写成工艺文件，经审批后用来指导生产。机械加工工艺规程一般包括以下内容:工件加工的工艺路线、各工序的具体内容及所用的设备和工艺装备、工件的检验项目及检验方法、切削用量、时间定额等。

制订工艺规程的步骤：

(1)计算年生产纲领，确定生产类型。

(2)分析零件图及产品装配图，对零件进行工艺分析。

(3)选择毛坯。

(4)拟订工艺路线。

(5)确定各工序的加工余量，计算工序尺寸及公差。

(6)确定各工序所用的设备及刀具、夹具、量具和辅助工具。

(7)确定切削用量及工时定额。

(8)确定各主要工序的技术要求及检验方法。

(9)填写工艺文件(机械加工工艺过程综合卡片)。

在制订工艺规程的过程中，往往要对前面已初步确定的内容进行调整，以提高经济效益。在执行工艺规程过程中，可能会出现前所未料的情况，如生产条件的变化，新技术、新工艺的引进，新材料、先进设备的应用等，都要求及时对工艺规程进行修订和完善。

3.1.2　《机械加工工艺过程综合卡片》的基本内容和要求

表3-1所示的《机械加工工艺过程综合卡片》是常见的工艺卡片，由于不同的企业在实际应用的工艺规程文件格式上有较大的区别，但其在内容设置上基本与表3-1所示的工艺规程相同。

《综合卡片》有工序内容、工序号、工序简图、机床、工艺装备、切削用量。现就每项内容加以说明。

(1)按表3-1所示内容确定每项工序的工艺参数(具体确定方法见本章后续内容)。

(2)按《综合卡片》表头所列内容逐项填写清楚。

(3)《工序号》列。填写工序号。按确定的工艺路线顺序用自然数编工序号或“5”、“10”的整数倍编工序号。

(4)《工序简图》右边的各列按本章各节所确定的内容填写。

(5)工序内容栏内按加工的顺序填写所要加工的表面。

表 3-1 《机械加工工艺过程综合卡片》 (单位;kg)

<table>
<tr><td colspan="3" rowspan="2">单 位</td><td colspan="3">零件号</td><td></td><td colspan="2">材料</td><td></td><td colspan="2">编制</td><td></td></tr>
<tr><td colspan="3">零件名称</td><td></td><td colspan="2">毛坯重量</td><td></td><td colspan="2">指导</td><td></td></tr>
<tr><td colspan="3">数控加工工艺过程综合卡片</td><td colspan="3">生产类型</td><td></td><td colspan="2">毛坯种类</td><td></td><td colspan="2">审核</td><td></td></tr>
<tr><td rowspan="2">工序号</td><td rowspan="2">工序名称及内容</td><td rowspan="2">工序简图</td><td colspan="4">工艺装备名称规格</td><td colspan="3">切削用量</td><td colspan="3">工时定额</td></tr>
<tr><td>机床</td><td>夹具</td><td>量具</td><td>刀具</td><td>切削用量</td><td>切削深度</td><td>进给量</td><td>基本时间</td><td>辅助时间</td><td>工作地服务时间</td></tr>
<tr><td></td><td></td><td></td><td colspan="10"></td></tr>
</table>

3.1.3 《工序简图》的绘制内容和要求

《工序简图》绘制内容和要求有以下几点：

(1)工序简图表示本工序加工时工件的位置、标注定位和夹紧面、加工表面、加工尺寸和表面粗糙度等工艺内容。工序简图一般按一定的比例画出，视图数量能清楚表达出上述内容即可。

(2)工序简图主视图投影方向应与工件的加工位置一致，即与工件在机床上的装夹位置一致。

(3)工件的结构、形状、尺寸要与本工序加工后的情况一致，后续工序形成的结构、形状、尺寸不能出现在本工序简图上。

(4)工序简图用细实线绘制，其中本工序加工表面用粗实线表示。视图中与本工序无关的次要结构和线条可以略去不画。

(5)工序简图上应标注本工序工序尺寸及上下偏差、加工表面粗糙度、必要的形位公差、主要定位尺寸和外形尺寸。

(6)工序简图中应标注表 3-5 所示的定位、夹紧符号表示工件的定位及夹紧情况。夹紧符号的标注方向应与夹紧力的实际方向一致。当用符号表示不明确时，可用文字补充说明。

(7)若采用数控加工，工序简图应注明编程原点与对刀点。

3.2　生产类型的确定

3.2.1　生产纲领

生产纲领可由指导教师给出，指导教师应按教学要求和生产实际的可能性综合考虑生产纲领。

生产纲领：包括废品和备品在内的该产品的年产量。

通常按下式计算：

$$N = Qn(1 + \alpha\% + \beta\%)$$

式中　N——零件的生产纲领(件/年)；

Q——产品的年产量(台/年)；

n——每台产品中，该零件的数量(件/台)；

$\alpha\%$——备品率；

$\beta\%$——废品率。

有些零件不需要备品，如机器的基础件。有些零件使用中容易磨损或损坏，或由于修理拆卸造成损坏，则要求有备品。不同的生产纲领和生产工厂，其废品率和备品率也不相同。这两项数值最好能让学生到工厂去调查研究之后确定，也可由指导教师按 $\alpha=4\%\sim6\%$，$\beta=1\%\sim2.5\%$给定。

3.2.2　生产类型的确定

根据零件的生产纲领按表 3-2 确定生产类型。

表 3-2　生产类型和生产纲领等的关系

生产类型	生产纲领/(台·年$^{-1}$或件·年$^{-1}$)			工作地每月负担的工序数
	小型机械或轻型零件	中型机械或中型零件	重型机械或重型零件	工序数·月$^{-1}$
单件生产	≤100	≤10	≤5	不作规定
小批生产	>100～500	>10～150	>5～100	>20～40
中批生产	>500～5000	>100～300	>100～300	>10～20
大批生产	>5000～50000	>300～1000	>300～1000	>1～10
大量生产	>50000	>1000	>1000	1

注：小型、中型、和重型机械可分别以缝纫机、机床(或柴油机)和轧钢机为代表。

表 3-2 中的轻型、中型和重型零件可参考表 3-3 所列数据确定。

表 3-3 不同机械产品的零件质量型别 (单位:kg)

机械产品类型	零件的质量		
	轻型零件	中型零件	重型零件
电子机械	≤4	>4～30	>30
机床	≤15	>15～50	>50
重型机械	≤100	>100～2000	>2000

生产类型不同,则产品制造的工艺方法、所用的工艺装备以及生产组织形式均不相同,在工艺规程设计中必须深入细致地考虑。各种生产类型的工艺特征见表 3-4。此外应防止不考虑生产类型,不考虑实际的必要性和经济性,不考虑设备的利用率,任意采用先进高效率设备和专用夹具。学生在制定工艺规程时应该有经济性的观点,其工艺规程应该与生产类型相适应。在保证产品质量,满足生产纲领的前提下,经济性好的方案才是好的工艺规程。

表 3-4 各种生产类型的工艺特征

工艺特性	生产类型		
	单件小批	中批	大批大量
零件的互换性	用修配法,钳工修配,缺乏互换性	大部分有互换性,装配精度要求高时,灵活应用分组装配法和调整法,同时还保留某些修配方法	具有广泛的互换性。少数装配精度较高处,采用分组装配法和调整法
毛坯的制造方法与加工余量	木模手工制造或自由锻造。毛坯精度低,加工余量大	部分采用金属模铸造或模锻。毛坯精度和加工余量中等	广泛采用金属模机器造型、模锻或其他高效方法。毛坯进度高,加工余量小
机床设备及其布置形式	通用机床,按机床类别采用机群式布置	部分通用机床和高效机床。按工件类别分工段排列设备	广泛采用高效专用机床及自动机床。按流水线和自动线排列设备
工艺装备	大多采用通用夹具、标准附件、通用刀具和万能量具。靠划线和试切法达到精度要求	广泛采用夹具,部分靠找正装夹达到精度要求。较多采用专用刀具和量具	广泛采用专用高效夹具、复合刀具、专用量具或自动检验装置。靠调整法达到精度要求

续表

工艺特性	生产类型		
	单件小批	中批	大批大量
对工人的技术要求	需技术水平高的工人	需一定技术水平的工人	对调整工的技术水平要求高，对操作工的技术水平要求较低
工艺文件	有工艺过程卡，关键工序要工序卡	有工艺过程卡，关键零件要工序卡	有工艺过程卡和工序卡，关键工序要调整卡和检验卡
成本	较高	中等	较低

表 3-5　定位夹紧符号

		独立	联动
		标注在视图轮廓线上	标注在视图轮廓线上
主要定位点	固定式		
	活动式		
辅助定位点			
机械夹紧			
液压夹紧		Y	Y
气动夹紧		Q	Q
电磁夹紧		D	D

3.3 零件的工艺分析

零件图是制定机械加工工艺规程最主要的原始材料，在制定工艺规程之前必须首先加以认真分析研究，深刻理解零件结构上的特征和主要技术要求，以便制定出能保证质量、经济合理、满足生产率要求的工艺规程。零件的工艺性分析主要有零件的图纸审查、零件结构工艺性分析及零件的技术要求分析。

3.3.1 零件的图纸审查

审查图纸是否完整及是否符合机械制图国家标准，包括以下三方面：

(1)零件图的视图是否完整，表达是否清楚。

(2)零件图的尺寸、形位公差、表面粗糙度及技术条件是否标注齐全。

(3)零件图的绘制是否符合机械制图国家标准。

在教学中，工艺规程设计的零件图都是由指导教师提供的。这些图有的是从工厂选来的，有的题目用图是本校历届学生画的，图中可能有错误或遗漏，学生不应不管其正确与否就照抄，以至自己都不明白。学生应该在图纸审查的基础上，确定无误后再画零件图，如发现零件图上有错误、遗漏或不符合国家标准之处，应及时向指导教师提出，经指导教师确认后，对图纸进行必要地修改或补充。

3.3.2 零件结构工艺性分析

零件结构工艺性是指所设计的零件在能满足使用要求的前提下，制造的可行性和经济性。

各种零件的表面都是由一些基本表面及成形表面构成的。如：外圆面、内孔、锥面、平面、端面等。表面的形状是确定机械加工工艺方法的重要因素。各种表面的不同组合则形成了零件结构上的特点，而这一结构上的特点则对零件的机械加工工艺过程有重大影响。如端面加工：车、磨；平面加工：铣、刨、磨、拉等。

3.3.3 零件的技术要求分析

零件的技术要求包括下列五方面：

(1)各加工表面的尺寸精度；

(2)主要加工表面的形状精度；

(3)主要加工表面之间的相互位置精度；

(4)各加工表面的粗糙度及表面质量方面的其他要求；

(5)热处理要求及其他表面处理要求。

根据零件的结构特点，在认真地分析了零件的上述技术要求之后，即可初步确定各表面的加工顺序和机械加工工艺方法，进而初步确定零件的机械加工工艺过程。学生通过对零件技术要求分析和工艺方法的选择，应该初步懂得精度与生产成本的关系，增强对经济性的认识。

3.4　毛坯的选择

3.4.1　毛坯的选择原则

在制订零件机械加工工艺规程之前，还要确定毛坯，包括选择毛坯类型及制造方法、确定毛坯精度。零件机械加工的工序数量、材料消耗和劳动量，在很大程度上与毛坯有关。例如，毛坯的形状和尺寸越接近成品零件，即毛坯精度越高，则零件的机械加工劳动量越小，材料消耗也少，机械加工的生产率可提高、成本降低。但是，毛坯的制造费用提高了。因此，确定毛坯要从机械加工和毛坯制造两方面综合考虑，以求得最佳效果。

毛坯类型有铸、锻、压制、冲压、焊接、型材和板材等。各类毛坯的特点和制造方法可参阅《机械制造基础》、《金属工艺学》或各种工艺手册。

在教学上主要是选择铸造毛坯和锻造毛坯及各种型材。

3.4.2　绘制毛坯图(零件与加工余量综合图)

按本章 3.8 节确定总余量之后，便可绘制毛坯图。毛坯图的表示方法和标注要求如下：

(1)毛坯的轮廓线用粗实线绘制，零件的实际轮廓用双点划线绘制，毛坯余量用网状线表示。

(2)零件的实际轮廓可以只表示总体外形和主要加工面。次要表面和结构要素(如退刀槽、倒角、实体上加工的孔等)可以不画，也不必画余量和标注余量。

(3)毛坯图上只标注毛坯尺寸及其公差,余量尺寸(只标注基本尺寸)。

(4)毛坯图上要注有必要的技术条件,通常包括:材料牌号、毛坯机械加工余量等级和尺寸公差等级、热处理和硬度要求、铸锻件的拔模斜度和圆角半径、毛坯制造的分模面、表面质量要求(如是否允许气孔、夹砂等)以及不加工表面涂防锈层等。

3.5 定位基准选择

零件在加工时,即编制工艺规程时,必须选择定位基准,定位基准分粗基准和精基准,粗基准是未加工过的表面,精基准是已加工过的表面。一般先考虑选择怎样的精基准把各加工表面加工出来,然后再考虑选择怎样的粗基准定位把精基准加工出来。

3.5.1 精基准的选择原则

(1)应尽可能选用设计基准作为定位基准。这称为“基准重合原则”。特别在最后精加工时,为保证加工精度,避免因基准不重合而引起的定位误差,更应注意该原则。

(2)尽可能在多道工序中采用同一组精基准为定位基准,这称为“基准统一原则”。采用该原则,可以保证各表面间的相互位置精度,简化夹具的设计与制造,缩短生产准备时间。

(3)有些精加工工序要求加工表面余量小而均匀,则应选用该加工面为精基准,称为“自为基准原则”。两个表面之间还可采用“互为基准”的原则,逐步提高两个表面及其相互位置精度。

(4)当选用设计基准为定位基准有困难时,可以采用非设计基准作为定位基准。但应尽可能减少基准的转换,以减少基准不重合误差,这称为“最短路线原则”。

(5)选的精基准应能保证定位准确、夹紧稳定可靠、夹具结构简单、操作方便。

3.5.2 粗基准的选择原则

(1)为保证工件上加工面与不加工面间的相互位置要求,则应该选不加工面为粗基准。若工件上有多个不加工面,则应选其中与加工面间相互位置要求

较高的表面为粗基准，

(2)为保证工件上的重要表面加工余量均匀，则应选该表面为粗基准。为保证各表面有足够的加工余量，应选择加工余量最小的表面为粗基准。

(3)粗基准一般只能使用一次。

(4)选作粗基准的表面应尽可能平整和光洁，不能有飞边、浇口、冒口或其他缺陷，以便定位准确、夹紧可靠。

3.6 工艺路线的确定

3.6.1 选择表面加工方法和加工方案的原则

选择零件表面机械加工工艺方法和加工方案应同时满足质量、生产率和经济性方面的要求，一般应遵循下列原则：

(1)按照工件的加工表面形状、尺寸大小，初选其成形的机械加工工艺方法。如：

外圆表面加工：车削、金刚石车削、磨削、超精加工、抛光等。

内圆(孔)加工：镗削、金刚镗削、钻削、扩钻、铰钻、磨削、拉削、珩磨等。

上述情况表明某一表面形状可有多种机械加工工艺方法，至于应该选择哪一种，还应综合考虑下面的因素。

(2)根据加工表面的技术要求(尺寸精度、形位精度、表面粗糙度等)，首先选择能保证该技术要求的最终工艺方法，然后确定各工序、工步的工艺方法。选择工艺方法应考虑每种工艺方法的加工经济精度范围，由粗到精逐步提高精度，最后达到加工表面的技术要求。加工同一表面的各工艺方法一般分散在若干工序中，它们的排列顺序就是该表面的加工方案。

(3)当同一加工经济精度和表面粗糙度可由不同的工艺方法实现时，究竟应该选择哪一种，应视工件的具体情况而定。比如回转体工件上的孔可在车床上镗或铰，也可在内圆磨床上磨。而箱体上的孔常选择镗床镗孔或铰孔。

(4)生产类型是选择工艺方法和加工方案的决定性因素。即使对同一工件，当生产类型不同时，其工艺方法、加工方案、工艺装备以及生产组织型式等均不相同，选择原则参见表3-4。

3.6.2 典型表面的加工方案及所能达到的经济加工精度和表面粗糙度

机械零件一般都是由一些简单的几何表面如外圆、内圆、平面或成形表面等组合而成。这些表面采用不同的方法加工时所能达到的经济加工精度和表面粗糙度见表 3-6、表 3-7、表 3-8。

表 3-6 外圆柱面加工方法

序号	加工方法	经济精度（以公差等级表示）	经济表面粗糙度（Ra 值/μm）	适用范围
1	粗车	IT11～IT13	12.5～50	适用于淬火以外的各种金属
2	粗车-半精车	IT8～IT10	3.2～6.3	
3	粗车-半精车-精车	IT7～IT8	0.8～1.6	
4	粗车-半精车-精车-滚压（或抛光）	IT7～IT8	0.025～0.2	
5	粗车-半精车磨削	IT7～IT8	0.4～0.8	主要用于淬火钢，也可用于未淬火钢，但不宜加工有色金属
6	粗车-半精车-粗磨-精磨	IT6～IT7	0.1～0.4	
7	粗车-半精车-粗磨-精磨-超精加工（或轮式超精磨）	IT5	0.012～0.1（或 Ra0.1）	
8	粗车-半精车-精车-精细车	IT6～IT7	0.025～0.4	主要用于要求较高的有色金属加工
9	粗车-半精车-粗磨-精磨-超精磨（或镜面磨）	IT5 以上	0.006～0.025（或 Ra0.05）	极高精度的外圆加工
10	粗车-半精车-粗磨-精磨-研磨	IT5 以上	0.006～0.1（或 Ra0.05）	

表 3-7　孔加工方法

序号	加工方法	经济精度 （以公差等级表示）	经济表面粗糙度 （*Ra* 值/μm）	适用范围
1	钻	IT11～IT13	12.5	加工未淬火钢及铸铁的实心毛坯，也可用于加工有色金属，孔径小于150～20mm
2	钻-铰	IT8～IT10	1.6～6.3	
3	钻-粗铰-精铰	IT7～IT8	0.8～1.6	
4	钻-扩	IT10～IT11	6.3～12.5	加工未淬火钢及铸铁的实心毛坯，也可用于加工有色金属，孔径大于15～20mm
5	钻-扩-铰	IT8～IT9	1.6～3.2	
6	钻-扩-粗铰-精铰	IT7	0.8～1.6	
7	钻-扩-机铰-手铰	IT6～IT7	0.2～0.4	
8	钻-扩-铰	IT7～IT9	0.1～1.6	大批大量生产（精度由拉刀的精度而定）
9	粗镗（或扩孔）	IT11～IT13	6.3～12.5	除淬火钢外的各种材料，毛坯有铸出孔或锻出孔
10	粗镗（粗扩）-半精镗（精扩）	IT9～IT10	1.6～3.2	
11	粗镗（粗扩）-半精镗（精扩）-精镗（铰）	IT7～IT8	0.8～1.6	
12	粗镗（粗扩）-半精镗（精扩）-精镗-浮动镗刀精镗	IT6～IT7	0.4～0.8	
13	粗镗（扩）-半精镗-磨孔	IT7～IT8	0.2～0.8	主要用于淬火钢，也可用于未淬火钢，但不宜用于有色金属
14	粗镗（扩）-半精镗-粗磨-精磨	IT6～IT7	0.1～0.2	
15	粗镗-半精镗-精镗-细精镗（金刚镗）	IT6～IT7	0.05～0.4	主要用于精度要求高的有色金属加工
16	钻-（扩）-粗铰-精铰-珩磨；钻-（扩）-拉-珩磨；粗镗-半精镗-精镗-珩磨	IT6～IT7	0.025～0.2	精度要求较高的孔
17	以研磨代替上述方法中的珩磨	IT5～IT6	0.006～0.1	

表 3-8　平面加工方法

序号	加工方法	经济精度（以公差等级表示）	经济表面粗糙度（*Ra* 值/μm）	适用范围
1	粗车	IT11～IT13	12.5～50	端面
2	粗车-半精车	IT8～IT10	3.2～6.3	
3	粗车-半精车-精车	IT7～IT8	0.8～1.6	
4	粗车-半精车-磨削	IT6～IT8	0.2～0.8	
5	粗刨（或粗铣）	IT11～IT13	6.3～25	一般不淬硬平面（端铣粗糙度Ra值较小）
6	粗刨（或粗铣）-精刨（或精铣）	IT8～IT10	1.6～6.3	
7	粗刨（或粗铣）-精刨（或精铣）-刮研	IT6～IT7	0.1～0.8	精度要求较高的淬硬平面，批量较大时宜采用宽刃精刨方案
8	以宽刃精代替上述刮研	IT7	0.2～0.8	
9	粗刨（或粗铣）-精刨（或精铣）-磨削	IT7	0.2～0.8	精度要求高的淬硬平面或不淬硬平面
10	粗刨（或粗铣）-精刨（或精铣）-磨削-精磨	IT6～IT7	0.025～0.4	
11	粗铣-拉	IT7～IT9	0.2～0.8	大量生产，较小的平面（精度视拉刀精度而定
12	粗铣-精铣-磨削-研磨	IT5 以上	0.006～0.1（或 RZ 0.05）	高精度平面

上述各表中的工艺方法是按该种加工方法能大致达到的加工经济精度和表面粗糙度考虑。所以对于工艺方法中的“粗”、“半精”、“精”不能按字面理解为粗加工、半精加工、精加工。如粗车、粗镗属粗加工，但粗磨、粗铰就不是粗加工。

3.6.3　加工顺序的确定

加工顺序（又称工序）通常包括切削加工工序、热处理工序和辅助工序等，工序安排得科学与否将直接影响到零件的加工质量、生产率和加工成本。切削加工工序通常按以下原则安排。

(1)先粗后精。当加工零件精度要求较高时都要经过粗加工、半精加工、精加工阶段,如果精度要求更高,还包括光整加工的几个阶段。

(2)基准面先行原则。用作精基准的表面应先加工。任何零件的加工过程总是先对定位基准进行粗加工和精加工,例如轴类零件总是先加工中心孔,再以中心孔为精基准加工外圆和端面;箱体类零件总是先加工定位用的平面及两个定位孔,再以平面和定位孔为精基准加工孔系和其他平面。

(3)先面后孔。对于箱体、支架等零件,平面尺寸轮廓较大,用平面定位比较稳定,而且孔的深度尺寸又是以平面为基准的,故应先加工平面,然后加工孔。

(4)先主后次。即先加工主要表面,然后加工次要表面。

3.7　机床及工艺装备的选择

教学要求学生能根据工件的材料、轮廓形状复杂程度、尺寸大小、加工精度、表面粗糙度、零件数量、热处理要求等正确地选择机床与工艺装备。

1. 机床的选择

在工艺卡片中应写明每道工序所用机床的名称、型号,并要了解它的规格及性能和价格。

概括起来机床的选用要满足以下要求:

(1)保证加工零件的技术要求,能够加工出合格产品;

(2)有利于提高生产率;

(3)可以降低生产成本。

2. 夹具的选择

在工艺卡片上应写明夹具的名称:如专用夹具、通用夹具等。

选择夹具时要考虑以下几点:

(1)单件小批生产,应尽量选用通用夹具,例如各种卡盘、虎钳和回转台等。通用夹具满足不了要求,考虑使用组合夹具、可调式夹具,以缩短生产准备时间、节省生产费用。

(2)在大批大量生产时才考虑采用专用夹具,并力求结构简单。

(3)零件的装卸要快速、方便、可靠,以缩短机床的停顿时间。

(4)夹具上各零部件应不妨碍对零件各表面的加工,即夹具要敞开,其定位、夹紧机构元件不能影响加工中的走刀(如产生碰撞等)。

3. 刀具的选择

刀具的选择包括材料、型号、主要切削角度,在工艺文件中写出名称及代号。

3.8 工序尺寸与公差的确定

教学上要求按查表修正法确定各表面的机械加工余量,并据此计算工序尺寸及毛坯尺寸。

3.8.1 总余量和工序余量的确定

余量有工序余量和加工总余量(毛坯余量)之分,工序余量是相邻两工序的工序尺寸之差,加工总余量是毛坯图尺寸与零件图样的设计尺寸之差,余量的确定方法有三种:1 计算法;2 查表法;3 经验估算法。教学上要求按查表法确定各表面的加工余量,并据此计算工序尺寸及毛坯尺寸。

1. 总余量的确定

毛坯的机械加工余量数值已考虑了其制造工艺方法、材料、生产类型等因素,所以查表确定加工余量等级后确定的机械加工余量数值能够保证后续工序的加工余量要求,加工表面的毛坯机械加工余量即为该加工表面的总余量。

2. 工序余量的确定

工序余量按加工方案从最后一道工序逐步向前查取,而第一道粗加工工序余量则由总余量和已确定的其他工序余量推算得出。总余量与各工序余量之和是相等的。

此种方法确定的第一道工序余量可能会出现小于第二道工序余量的情况。这时应对各工序余量进行修正,在保证最小加工余量前提下,工序余量按逐步减小给出,后一工序余量不能大于前一工序余量。

采用查表修正法确定工序余量时应注意下列要点并可据此进行修正。

(1)加工表面按加工方案所排列的各工序工艺方法,其加工经济精度和表面粗糙度有个范围,实际确定时应根据工件最终尺寸精度和表面粗糙度按均匀地逐步提高的原则进行。工序余量应考虑前道工序的加工精度和表面粗糙度,如较高,应取较小;反之,应取较大的余量。

(2)应考虑前道工序的工艺方法、设备、装夹以及加工过程中变形所引起的各表面间相互位置的空间偏差。空间偏差大,应取较大的余量。

(3)应考虑本工序的定位和夹紧所造成的装夹误差,尤其是对刚度小的工件。装夹误差大、工件变形大,应取较大的余量。

(4)应考虑热处理工序引起的工件变形。

在有关余量表格中,内圆(孔)表面、外圆表面、齿形表面等都是双面余量(直径余量);平面余量是单面余量。

3.8.2　工序尺寸及其公差的确定

1. 工序尺寸

工序图上标注的尺寸称为工序尺寸。零件图规定的尺寸为最终工序尺寸。按加工表面的加工方案,由最终工序尺寸和已确定的各工序余量逐步向前推算,便可得到每一工序的工序尺寸,最后得到毛坯的尺寸。

2. 工序尺寸公差

零件图规定的尺寸公差即为最终工序尺寸公差。其余各工序尺寸公差可按该工序的加工经济精度选取,并按“入体原则”标注。

“入体原则”即被包容面(轴)的工序尺寸取上偏差为零,下偏差为负值;包容面(孔)的工序尺寸取下偏差为零,上偏差为正值;毛坯尺寸则按双向布置上、下偏差。

确定工序尺寸公差时应注意各工序工艺方法的加工经济精度所表示的该工艺方法能达到的精度范围,选取时应根据最终尺寸精度前后照应,均匀地逐步提高精度。工序间的工序尺寸精度不应出现大幅度地跨越,在确定加工方案时就应考虑到这点,否则应该修正加工方案。

3.9　零件图尺寸链的计算

3.9.1　尺寸链的定义

在零件加工和机器的装配过程中,经常会遇到一些互相联系的尺寸,这些尺寸彼此连接成一个封闭的回路,其中每一个尺寸都受其他尺寸变动的影响,这个由尺寸组成的回路就称为尺寸链。如图3-1所示C和D所表示的尺寸链。

3.9.2 尺寸链求解的方法

(1)绝对互换法:所有零件不经任何选择、修配就可以进行装配,即不经过任何调整就可以达到封闭尺寸预定的精度要求。

适合于组成尺寸不多,互换性要求高、封闭尺寸精度要求不严(允许范围较大)的尺寸链。

绝对互换法的公差按极大极小法计算。

(2)概率互换法(部分互换法):所有零件基本上不经过选择、修配就可以进行装配,即不经过任何调整就可以达到封闭尺寸预定的精度要求,到可能有极少数的零件装配不合要求,需要更换、修整。

适用于尺寸链的尺寸环数多(至少大于3),大量生产的产品设计中,可以较经济的(零件制造公差可比绝对互换法放宽许多)达到规定的装配精度要求。

概率互换法的公差按概率法计算。

(3)选配法:零件要经过选配才能达到装配要求(将零件按实际尺寸分组,各相应组的零件互配),零件没有互换性。

适用于尺寸公差小,制造上无法达到或极其不经济,且无法采用调整的方法的情况。按选配法解尺寸链时零件的制造公差允许放宽,计算时以分组后的尺寸和公差作为组成尺寸和公差进入尺寸链。

选配法的公差可按极大极小法计算。

(4)修配法:零件需经过加工修整尺寸链中补偿尺寸后才能按装配精度要求进行装配,优点是可以放宽零件的制造公差,达到较高的装配精度,缺点是没有互换性,装配时需要手工修配。

适用于单件、小批量生产中组成尺寸多,装配精度高的尺寸链。在尺寸链中要预先选定补偿尺寸供修整尺寸用。

修配法的公差按极大极小法或概率法计算。

(5)调整法:零件装配后,通过调整专设的调整零件(补偿尺寸)达到规定的装配精度要求。零件允许有较大的公差且能保证互换性。在尺寸链中,要预先选定补偿尺寸供调整尺寸用。在农业机械中使用较普遍。调整法的公差计算按极大极小法或概率法计算。

零件图的车削加工工艺中,尺寸链计算的基本方法有两种:极大极小法和概率法,在这里只介绍极大极小法的尺寸链的计算。

3.9.3　尺寸链计算中的一些名词

1. 组成环

尺寸链中影响封闭尺寸的数值和公差的其他尺寸称为组成环，也称为组成尺寸。如图3.1所示A_1、A_2和N环。

(1)增环：当某个组成环尺寸增大时封闭环的尺寸随之增大，该组成环称为增环，也称为增环尺寸。如图3.1c图中的X环所示。

(2)减环：当某个组成环尺寸增大时封闭环的尺寸随之减小，该组成环称为减环，也称为减环尺寸。如图3.1c图中的A_2环所示。

2. 封闭环

确定零件相互连接的性质和质量，在装配后才能得到实际尺寸的尺寸；或是在尺寸链草图中把一些连续的尺寸连接成一个封闭回路的尺寸称为封闭环，也称为封闭尺寸。如图3.1c图中的N环所示。

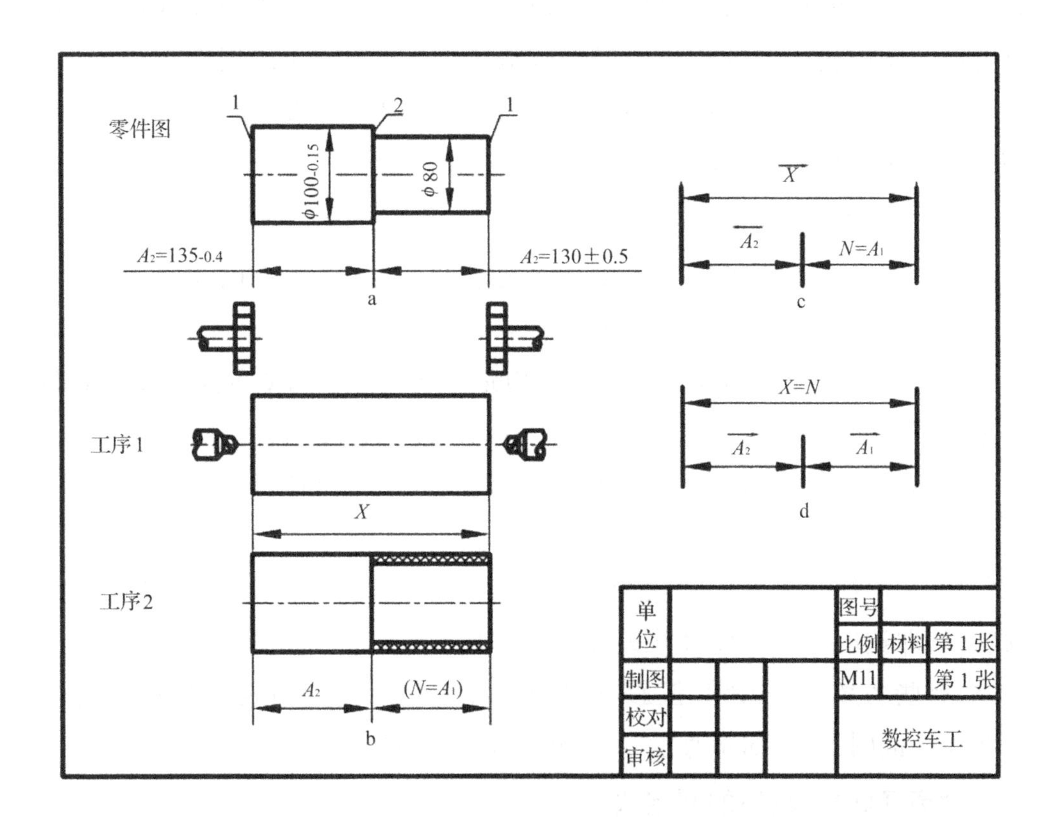

图3.1　尺寸链图

3.9.4 尺寸链的表示方法

1. 封闭环

封闭环是零件加工最后自然形成的尺寸。

零件加工尺寸链中,封闭环必须在加工顺序确定后才能判断,加工顺序改变,封闭环也随之改变。

例如图 3.1 中,工序Ⅰ为车端面打中心孔,控制全长尺寸 X,工序Ⅱ为加工阶梯轴肩,测量并保证尺寸 A_2,则尺寸 A_1 是加工最后自然形成的尺寸,所以尺寸 A_1 是封闭环。

同样在图 3.1 中加工完尺寸 A_1,然后调头装夹加工尺寸 A_2,则全长尺寸 X 就成为加工最后自然形成的尺寸,所以尺寸 X 是封闭环。

2. 各个环的表示法

在分析尺寸链时,为方便起见,经常不用画出零件的具体结构而只需要依次画出各个相关的尺寸,这些尺寸所排列成的封闭回路就成为尺寸链草图,图中所有尺寸均用相互连续相接的尺寸线表示,每一个尺寸线用字母表示,增环的字母上面箭头向右,减环的字母上面箭头向左,闭环一般用字母 N 表示或用 A_0 表示,如图 3-1 所示 N 环。

3. 尺寸链的查找

(1)确定封闭环:一般将有主要技术要求的尺寸(如零件的相互位置要求、装配要保证的必要间隙)取做封闭环。

(2)确定尺寸链的组成尺寸:尺寸链由最少的必要尺寸组成,在尺寸链图示上就是使尺寸回路最短。

(3)在有几个尺寸链互相关联时,应确定该尺寸链和其他尺寸链相联系的尺寸。

(4)在采用修配或调整法使封闭尺寸达到所规定的要求时,应确定补偿尺寸的位置(即选取一个组成尺寸为补偿尺寸)

(5)有些名义尺寸为零,但影响封闭尺寸的精度误差值也应当作为组成尺寸绘在尺寸链图上(例如垂直度、同轴度的影响误差)

4. 封闭环和增、减环的判定法

(1)封闭环的确定

尺寸链中的所有尺寸均用互相连接的顺时针一个方向箭头的尺寸线表示,

其一端带有箭头，所有组成尺寸的箭头沿着尺寸链回路的顺时针方向旋转，封闭环尺寸的箭头则与之相反，从而确定出封闭环。

(2)增减环的确定

①定义法：确定出封闭环以后，按照增减环的定义找出增环和减环。

②回转法：确定出封闭环以后(保留原先的顺时针一个方向的箭头)，顺着所有组成环内侧，用箭头沿顺时针方向旋转，与封闭环的箭头方向相同的组成环是增环；与封闭环的箭头方向相反的组成环是减环。

3.9.5　尺寸链的计算

(1)封闭环的基本尺寸＝所有增环的基本尺寸之和－所有减环的基本尺寸之和。

(2)封闭环的上偏差＝所有增环的上偏差之和－所有减环的下偏差之和。

简称为：上上减下

(3)封闭环的下偏差＝所有增环的下偏差之和－所有减环的上偏差之和。

简称为：下下减上

(4)绝对互换法(即：极大极小法)尺寸链的验证。封闭环的公差＝所有组成环的公差之和。

【例】　如图 3-2 所示，设计时以 M 面为基准，要求 $a_1=45h10=45_{-0.1}$，$a_2=32h11=32_{-0.16}$，加工是为了测量方便，需要以 Q 面为基准，直接控制尺寸 A_1 和 A_2，求 $A_2=?$

解：(1)画出尺寸链图，如图 3-2 中 c 所示。

已知封闭环 $N=a_2=32h11=32_{-0.16}$mm，增环 $A_1=a_1=45h10=45_{-0.1}$mm，减环 A_2 为所求。

(2)求 A_2 的基本尺寸

因为：封闭环的基本尺寸＝所有增环的基本尺寸之和－所有减环的基本尺寸之和，即：$32=45-A_2$

得：$A_2=45-32=13$(mm)

(3)求 A_2 的下偏差

由：封闭环的上偏差＝所有增环的上偏差之和－所有减环的下偏差之和，

即：$0=0-A_2$ 的下偏差

得：A_2 的上偏差＝$0-0=0$(mm)

(4)求 A_2 的上偏差

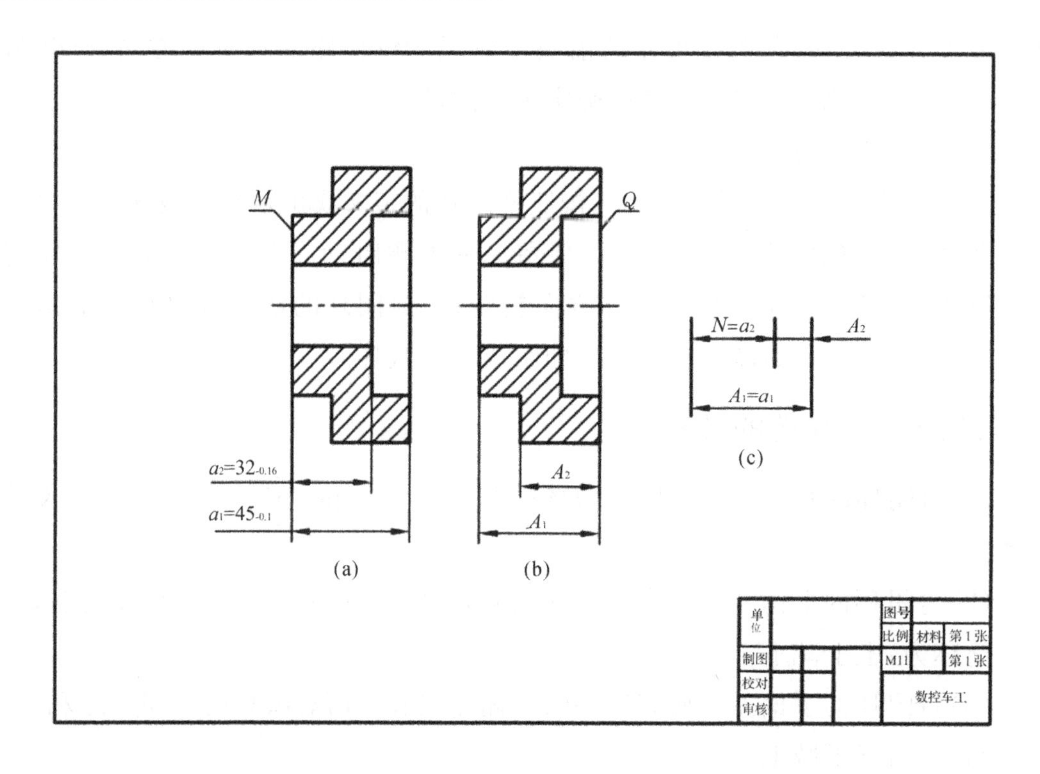

图 3.2　尺寸链计算

由：封闭环的下偏差＝所有增环的下偏差之和－所有减环的上偏差之和

即：$-0.16=(-0.1)-A_2$ 的上偏差

得：A_2 的上偏差$=(-0.1)+0.16=0.06$(mm)所得尺寸 $A_2=13_{0}^{+0.06}$(mm)

(5)验证

由：封闭环的公差＝所有组成环的公差之和

即：$0-(-0.16)=[0-(0.1)]+(0.06-0)=0.16$(mm)

验证结果正确，A_2 尺寸可用于该工艺条件下的零件尺寸加工。

3.10　切削用量的确定

切削用量包括切削深度 a_p、进给量 f 和切削速度 V。

3.10.1　切削用量的确定顺序

切削用量按工序分工步逐步确定。切削用量的确定顺序为：切削深度 a_p、进给量 f，切削速度 V。

切削用量可采用查表法和计算法确定。教学上要求采用计算法计算一道工序的切削用量(包括校验机床功率,一般选择粗加工工序)。

1. 查表法

(1)按工序余量确定切削深度 a_p。一般应尽量在一次工作行程切除余量,则单面余量或双面余量的一半即为切削深度。

(2)在确定的工艺条件下,按切削深度选择进给量 f。

(3)按已确定的 a_p 和 f 选择切削速度 V。

(4)确定机床主轴转速和切削速度。按选择的切削速度 V 计算机床的计算转速 n_s,按 n_s 选取机床的实际转速 n_w,再按 n_w 计算实际切削速度 V_w。

2. 计算法

(1)由查表法确定 a_p 和 f,选取刀具耐用度 t。

(2)按切削速度公式计算 v,由 v 计算转速 n_s,按 n_s 选取机床的实际转速 n_w,再按 n_w 计算实际切削速度 v_w。

(3)计算主切削力和切削功率,校验机床功率。

3.10.2　切削用量的选择原则

正确地选择切削用量,对提高切削效率,保证必要的刀具耐用度和经济性,保证加工质量,具有重要的作用。各种工艺方法切削用量选择总的原则是:粗加工时,在工艺系统刚度和强度较好的情况下,应尽量选择较大的 a_p 和 f。之后,在不超过机床许用功率,保证合理刀具耐用度的前提下,选择切削速度。

精加工时,首要考虑的是保证加工质量,并在此基础上尽量提高生产率。精加工时应选择较小的 a_p 和 f,并在保证合理刀具耐用度的前提下,选取尽可能高的切削速度。

各种工艺方法切削用量的具体选择按第 5 章各节所述的选择原则选取。经选取确定后的切削用量按工步填入《机械加工工艺过程综合卡片》。

3.11　时间定额

时间定额由基本时间、辅助时间、布置工作地点时间、休息与生理需要时间和准备与终结时间组成。其中后三项教学上不作要求。即使是辅助时间也因生产类型、技术水平等的不同而异,教学上只能粗略计算。

基本时间 T_j 在教学上要求用时间计算法，按第 7 章给出的计算方法分工序逐个工步计算。将各工步的基本时间相加即为工序的基本时间。

辅助时间 T_f 在教学上一般取 $T_f=(15\sim20)\%T_j$。

基本时间和辅助时间的总和称为作业时间 T_z 即 $T_z=T_j+T_f$

在《机械加工工艺过程综合卡片》上填入每一工步的基本时间、每一工序的辅助时间和作业时间。

第二篇　综合技能训练的常用资料

第 4 章　机械加工余量

机械加工余量的概念、确定方法见第三章 3.8 节。

4.1　外圆柱表面加工余量及偏差

见表 4-1、表 4-2、表 4-3 所示。

表 4-1　粗车及半精车外圆加工余量及偏差　　（单位：mm）

零件基本尺寸	直径余量						直径偏差	
	经或未经热处理零件的粗车		半精车					
			未经热处理		经热处理		荒车（h14）	粗车（h12～h13）
	折算长度							
	≤200	＞200～400	≤200	＞200～400	≤200	＞200～400		
3～6	—	—	0.5	—	0.8	—	−0.30	−0.12～−0.18
＞6～10	1.5	1.7	0.8	1.0	1.0	1.3	−0.36	−0.15～−0.22
＞10～18	1.5	1.7	1.0	1.3	1.3	1.5	−0.43	−0.18～−0.27
＞18～30	2.0	2.2	1.3	1.3	1.3	1.5	−0.52	−0.21～−0.33
＞30～50	2.0	2.2	1.4	1.5	1.5	1.9	−0.62	−0.25～−0.39
＞50～80	2.3	2.5	1.5	1.8	1.8	2.0	−0.74	−0.30～−0.45
＞80～120	2.5	2.8	1.5	1.8	1.8	2.0	−0.87	−0.35～−0.54
＞120～180	2.5	2.8	1.8	2.0	2.0	2.3	−1.00	−0.40～−0.63
＞180～250	2.8	3.0	2.0	2.3	2.3	2.5	−1.15	−0.46～−0.72
＞250～315	3.0	3.3	2.0	2.3	2.3	2.5	−1.30	−0.52～−0.81

注：加工带凸台的零件时，其加工余量要根据零件的最大直径来确定。

表 4-2　用金刚石刀精车外圆加工余量

零件材料	零件基本尺寸	直径加工余量
轻合金	≤100	0.3
	>100	0.5
青铜及铸铁	≤100	0.3
	>100	0.4
钢	≤100	0.2
	>100	0.3

注：1. 如果采用两次车削(半精车及精车)，则精车的加工余量为 0.1mm。

2. 精车前零件加工的公差按 h9、h8 决定。

3. 本表所列的加工余量适用于零件长径比为 3∶1 以内的零件($l:d\leqslant3$)。超过此限时，加工余量应适当加大。

表 4-3　半精车后磨外圆加工余量及偏差　　（单位：mm）

零件基本尺寸	直径余量										第一种磨削前半精车或第三种粗磨(h10～h11)	第二种(h8～h9)
	第一种		第二种					第三种				
	经或未经热处理零件的终磨		热处理后					热处理前粗磨		热处理后半精磨		
			粗磨			半精磨						
	折算长度											
	≤200	>200～400	≤200	>200～400	≤200	>200～400	≤200	>200～400	≤200	>200～400		
3～6	0.15	0.20	0.10	0.12	0.05	0.08	—	−0.20	−0.20	−0.30	−0.048～−0.075	−0.018～−0.030
>6～10	0.20	0.30	0.12	0.20	0.08	0.10	0.12	0.20	0.20	0.30	−0.058～−0.090	−0.022～−0.036
>10～18	0.20	0.30	0.12	0.20	0.08	0.10	0.12	0.20	0.20	0.30	−0.070～−0.110	−0.027～−0.043
>18～30	0.20	0.30	0.12	0.20	0.08	0.10	0.12	0.25	0.30	0.40	−0.084～−0.130	−0.033～−0.052
>30～50	0.30	0.40	0.20	0.25	0.10	0.15	0.20				−0.100～−0.160	−0.039～−0.062
>50～80	0.40	0.50	0.25	0.30	0.15	0.20	0.25	0.30	0.40	0.50	−0.120～−0.190	−0.064～−0.074
>80～120	0.40	0.50	0.25	0.30	0.15	0.20	0.25	0.30	0.40	0.50	−0.140～−0.220	−0.054～−0.087
>120～180	0.50	0.80	0.30	0.50	0.20	0.30	0.30	0.50	0.50	0.80	−0.160～−0.250	−0.063～−0.100
>180～250	0.50	0.80	0.30	0.50	0.20	0.30	0.30	0.50	0.50	0.80	−0.185～−0.290	−0.072～−0.115
>250～315	0.50	0.80	0.30	0.50	0.20	0.30	0.30	0.50	0.50	0.80	−0.210～−0.320	−0.081～−0.130

4.2　内孔加工余量及偏差

见表 4-4、表 4-5、表 4-6、表 4-7、表 4-8、表 4-9 所示。

表 4-4　孔加工方法的选择　（单位：mm）

加工方法	孔的精度	孔的毛坯性质	
		在实体材料上加工孔	预先铸出或热冲出的孔
在钻床上用钻模加工孔（孔深是直径的五倍）	H13～12	一次钻孔	用车刀或扩孔钻镗孔
	H11	D≤10：一次钻孔 D>10～30：钻孔及扩孔 D>30～80：钻孔，扩钻及扩孔；或钻扩，用扩孔刀或车刀镗孔及扩孔	D≤80：粗扩或精扩；或用车刀粗镗或精镗；或根据余量一次镗孔或扩孔
	10～9	D≤10：钻孔及铰孔 D>10～30：钻孔，扩孔及铰孔 D>30～80：钻孔，扩钻或铰孔；或钻孔，用扩孔到镗孔，扩孔及铰孔	D≤80：扩孔（一次或二次，根据余量而定）及铰孔；或用内车刀镗孔；（一次或二次，根据余量而定）及铰孔
	H8～7	D≤10：钻孔及一次或二次铰孔 D>10～30：钻孔，扩孔及一次或二次铰孔 D>30～80：钻孔，扩孔（或用扩孔刀镗孔）扩孔，一次或二次铰孔	D≤80：扩孔（一次或二次，根据余量而定）及一次或二次铰孔；或用车刀镗孔（一次或二次，根据余量而定）及一次或二次铰孔
在车床和其他机床上加工孔（孔深是直径的三倍）	H13～12	一次钻孔	用车刀或扩孔钻镗孔
	H11	D≤10：用中心钻及钻头钻孔 D>10～30：用中心钻及钻头钻孔和用扩孔或车刀或扩孔钻镗孔 D>30～80：(1)用中心钻及钻头钻孔，扩孔钻扩孔，(2)用中心钻及钻头钻孔及车刀镗孔	(1)一次或二次扩孔（根据余量而定）；(2)用车刀一次或二次镗孔
	G10～9	D≤10：用中心钻和钻头钻孔及铰孔 D>10～30：(1)用中心钻及钻头钻孔，扩孔及铰孔；(2)用中心钻和钻头钻孔，用车刀或扩孔到镗孔铰孔；(3)用中心钻和钻头钻孔，扩孔或车刀镗孔及磨孔；(4)用中心钻及钻头钻孔及拉孔 D>30～80：(1)用中心钻和钻头钻孔，扩钻，扩孔及铰孔；(2)用中心钻和钻头钻孔，用车刀或扩孔刀镗孔及铰孔；(3)用中心钻和钻头钻孔，用车刀镗孔（或扩孔及磨孔）；(4)用中心钻和钻头钻孔及拉孔	(1)扩孔及铰孔；(2)用车刀镗孔及铰孔；(3)粗镗孔，精镗孔（不铰）；(4)粗镗孔，精镗孔及磨孔；(5)用车刀镗孔及拉孔

续表

加工方法	孔的精度	孔的毛坯性质	
		在实体材料上加工孔	预先铸出或热冲出的孔
在车床和其他机床上加工孔（孔深是直径的三倍）	H8～7	D≤10：用中心钻和钻头钻孔，粗铰（或用扩孔刀镗孔）及精铰 D>10～30：(1)用中心钻及钻头钻孔，扩孔（或用车刀镗孔），粗铰（或用扩孔刀镗孔）及精铰；(2)用中心钻和钻头钻孔，用车刀镗孔，粗铰（或用扩孔到镗孔）及精铰；(3)用中心钻和钻头钻孔，用车刀或扩孔钻镗孔或磨孔；(4)用中心钻和钻头钻孔及拉孔	D≤80：(1)1～2次扩孔（根据余量而定），粗铰（或用扩孔到镗孔）及精铰；(2)1～2次用车刀镗孔（根据余量而定），粗铰（或用扩孔到镗孔）及精铰；(3)粗镗，半精镗及精镗；(4)用车刀镗孔及拉孔；(5)粗镗，精镗及磨孔 D>80：(1)用车刀粗镗及精镗和铰孔；(2)粗镗，半精镗，精镗；(3)粗精镗及磨孔；(4)镗孔及拉孔
	H6	加工6级精度的孔的最后工序应该是金刚石细镗，用精密调整的车刀镗，细磨及镗磨	

注：1. 用中心钻钻孔仅是用于车床、转塔车床及自动车床上；

2. 当D≤30，直径余量大于4和D>30～80，直径余量不大于6时，采用一次扩孔或一次镗孔；

3. 表中括号内的数字表示加工方法的种数。

表 4-5　基孔制 7 级精度(H7)孔的加工　　　　(单位:mm)

加工孔的直径	直径						加工孔的直径	直径					
	钻		用车刀车以后	扩孔钻	粗铰	精铰H7		钻		用车刀车以后	扩孔钻	粗铰	精铰H7
	第一次	第二次						第一次	第二次				
3	2.9	—	—	—	—	3	30	15.0	28.0	29.8	29.8	29.93	30
4	3.9	—	—	—	—	4	32	15.0	30.0	31.7	31.93	31.93	32
5	4.8	—	—	—	—	5	35	20.0	33.0	34.7	34.75	34.93	35
6	5.8	—	—	—	—	6	38	20.0	36.0	37.7	37.75	37.93	38
8	7.8	—	—	—	7.96	8	40	25.0	38.0	39.7	39.75	39.93	40
10	9.8	—	—	—	9.96	10	42	25.0	40.0	41.7	41.75	41.93	42
12	11.0	—	—	11.85	11.94	12	45	25.0	43.0	44.7	44.75	44.93	45
13	12.0	—	—	12.85	12.94	13	48	25.0	46.0	47.7	47.75	47.93	48
14	13.0	—	—	13.85	13.94	14	50	25.0	48.0	49.7	49.75	49.93	50
15	14.0	—	—	14.85	14.94	15	60	30	55.0	59.5	59.5	59.9	60
16	15.0	—	—	15.85	15.94	16	70	30	65.0	69.5	69.5	69.9	70
18	17.0	—	—	17.85	17.94	18	80	30	75.0	79.5	79.5	79.9	80
20	18.0	—	19.8	19.8	19.94	20	90	30	80.0	89.3	—	89.8	90
22	20.0	—	21.8	21.8	21.94	22	100	30	80.0	99.3	—	99.8	100
24	22.0	—	23.8	23.8	23.94	24	120	30	80.0	119.3	—	119.8	120
25	23.0	—	24.8	24.8	24.94	25	140	30	80.0	139.3	—	139.8	140
26	24.0	—	25.8	25.8	25.94	26	160	30	80.0	159.3	—	159.8	160
28	26.0	—	27.8	27.8	27.94	28	180	30	80.0	179.3	—	179.8	180

注:在铸铁上加直径为 30mm 与 32mm 的孔可用ϕ28 与ϕ30 钻头钻一次。

表 4-6　基孔制 8 级精度(H8)孔加工　　　(单位:mm)

加工孔的直径	直径					加工孔的直径	直径				
	钻		用车刀车以后	扩孔钻	铰 H7		钻		用车刀车以后	扩孔钻	铰 H7
	第一次	第二次					第一次	第二次			
3	2.9	—	—	—	3	30	15.0	28.0	29.8	29.8	30
4	3.9	—	—	—	4	32	15.0	30.0	31.7	31.75	32
5	4.8	—	—	—	5	35	20.0	33.0	34.7	34.75	35
6	5.8	—	—	—	6	38	20.0	36.0	37.7	37.75	38
8	7.8	—	—	—	8	40	25.0	38.0	39.7	39.75	40
10	9.8	—	—	—	10	42	25.0	40.0	41.7	41.75	42
12	11.0	—	—	—	12	45	25.0	43.0	44.7	44.75	45
13	12.0	—	—	—	13	48	25.0	46.0	47.7	47.75	48
14	13.0	—	—	—	14	50	25.0	48.0	49.7	49.75	50
15	14.0	—	—	—	15	60	30	55.0	59.5	—	60
16	15.0	—	—	15.85	16	70	30	65.0	69.5	—	70
18	17.	—	—	17.85	18	80	30	75.0	79.5	—	80
20	18.0	—	19.8	19.8	20	90	30	80.0	89.3	—	90
22	20.0	—	21.8	21.8	22	100	30	80.0	99.3	—	100
24	22.0	—	23.8	23.8	24	120	30	80.0	119.3	—	120
25	23.0	—	24.8	24.8	25	140	30	80.0	139.3	—	140
26	24.0	—	25.8	25.8	26	160	30	80.0	159.3	—	160
28	26.0	—	27.8	27.8	28	180	30	80.0	179.3	—	180

注:1. 在铸铁上加工直径为 30mm 与 32mm 的孔可用 ϕ28 与 ϕ30 钻头各钻一次。

2. 钻头直径大于 75mm 时采用环孔钻。

表 4-7　用金刚石刀细镗孔加工余量　　　　（单位：mm）

<table>
<tr><th rowspan="5">加工孔的
直径 d</th><th colspan="8">材料</th><th rowspan="5">细镗前加
工精度为
IT9</th></tr>
<tr><th colspan="2">轻合金</th><th colspan="2">巴氏合金</th><th colspan="2">青铜及铸铁</th><th colspan="2">钢件</th></tr>
<tr><th colspan="8">加工性质</th></tr>
<tr><th>粗加工</th><th>精加工</th><th>粗加工</th><th>精加工</th><th>粗加工</th><th>精加工</th><th>粗加工</th><th>精加工</th></tr>
<tr><th colspan="8">直径余量</th></tr>
<tr><td rowspan="15">≤30
30～50
50～80
80～120
120～180
180～260
260～360
360～500
500～640
640～800
800～1000</td><td>0.2</td><td rowspan="11">0.1</td><td>0.3</td><td rowspan="5">0.1</td><td>0.2</td><td rowspan="9">0.1</td><td rowspan="3">0.2</td><td rowspan="14">0.1</td><td rowspan="15">0.045
0.05
0.06
0.07
0.08
0.09
0.10
0.12
0.14
0.15
0.17</td></tr>
<tr><td>0.3</td><td>0.4</td><td rowspan="4">0.3</td></tr>
<tr><td rowspan="3">0.4</td><td rowspan="3">0.5</td></tr>
<tr><td rowspan="6">0.3</td></tr>
<tr></tr>
<tr><td rowspan="6">0.5</td><td rowspan="6">0.6</td><td rowspan="6">0.2</td><td rowspan="4">0.4</td></tr>
<tr></tr>
<tr></tr>
<tr></tr>
<tr><td rowspan="5">0.5</td><td rowspan="6">0.2</td><td rowspan="4">0.4</td></tr>
<tr></tr>
<tr><td rowspan="4">—</td><td rowspan="4">—</td><td rowspan="4">—</td><td rowspan="4">—</td></tr>
<tr></tr>
<tr><td>0.5</td></tr>
<tr><td>0.6</td><td></td><td>0.2</td></tr>
</table>

注：当采用一次镗削时，加工余量应该是粗精加工余量之和。

表 4-8　半精镗后磨孔的加工余量及偏差　　　　（单位：mm）

基本尺寸	直径余量					直径偏差	
	第一种	第二种		第三种		终磨前半精镗或第三种粗磨（H10）	第二种粗磨（H8）
	经或未经热处理零件的终磨	热处理后		热处理前粗磨	热处理后半精磨		
		粗磨	半精磨				
>6～10	0.2	—	—	—	—	—	—
>10～18	0.3	0.2	0.1	0.2	0.3	+0.07	+0.027
>18～30	0.3	0.2	0.1	0.2	0.3	+0.084	+0.033
>30～50	0.3	0.2	0.1	0.3	0.4	+0.10	+0.039
>50～80	0.4	0.3	0.1	0.3	0.4	+0.12	+0.046
>80～120	0.5	0.3	0.2	0.3	0.5	+0.14	+0.054
>120～180	0.5	0.3	0.2	0.5	0.5	+0.16	+0.063

表 4-9　研磨孔加工余量　　　　（单位：mm）

零件基本尺寸	铸铁	钢
≤25	0.010～0.020	0.005～0.015
>25～125	0.020～0.100	0.010～0.040
>125～300	0.080～0.160	0.020～0.050
>300～500	0.120～0.200	0.040～0.060

注：经过精磨的零件，手工研磨余量为 0.005～0.010mm。

4.3　端面加工余量及偏差

见表 4-10、表 4-11 所示。

表 4-10　半精车轴端面加工余量及偏差　　　(单位:mm)

零件长度（全长）	端面最大直径					粗车端面尺寸偏差（IT12～IT13）
	≤30	>30～120	>120～260	>260～500	>500	
	端面余量					
≤10	0.5	0.6	1.0	1.2	1.4	−0.15～ −0.22
>10～18	0.5	0.7	1.0	1.2	1.4	−0.18～ −0.27
>18～30	0.6	1.0	1.2	1.3	1.5	−0.21～ −0.33
>30～50	0.6	1.0	1.2	1.3	1.5	−0.25～ −0.39
>50～80	0.7	1.0	1.3	1.5	1.7	−0.30～ −0.46
>80～120	1.0	1.0	1.3	1.5	1.7	−0.35～ −0.54
>120～180	1.0	1.3	1.5	1.7	1.8	−0.40～ −0.63
>180～250	1.0	1.3	1.5	1.7	1.8	−0.46～ −0.72
>250～500	1.2	1.4	1.5	1.7	1.8	−0.52～ −0.97
>500	1.4	1.5	1.7	1.8	2.0	−0.70～ −1.10

注：1. 加工有台阶的轴时，每台阶的加工余量应根据该台阶的直径及零件全长分别选用；

2. 表中余量系指单面余量，偏差系指长度偏差；

3. 加工余量及偏差适应于经热处理及未经热处理的零件。

表 4-11　磨轴端面的加工余量及偏差　　　(单位:mm)

零件长度	端面最大直径					半精车端面尺寸偏差(IT11)
	≤30	>30～120	>120～260	>260～500	>500	
	端面余量					
≤10	0.2	0.2	0.3	0.4	0.6	−0.09
>10～18	0.2	0.3	0.3	0.4	0.6	−0.11
>18～30	0.2	0.3	0.3	0.4	0.6	−0.13
>30～50	0.2	0.3	0.3	0.4	0.6	−0.16
>50～80	0.2	0.3	0.4	0.5	0.6	−0.19
>80～120	0.3	0.3	0.5	0.5	0.6	−0.22
>120～180	0.3	0.4	0.5	0.6	0.7	−0.25
>180～250	0.3	0.4	0.5	0.6	0.7	−0.29
>250～500	0.4	0.5	0.6	0.7	0.8	−0.40
>500	0.5	0.6	0.7	0.7	0.8	−0.44

4.4 平面加工余量及偏差

见表 4-12、表 4-13、表 4-14、表 4-15、表 4-16 所示。

表 4-12 平面第一次粗加工余量 （单位：mm）

平面最大尺寸	毛坯制造方法					
	铸件			热冲压	冷冲压	锻造
	灰铸铁	青铜	可锻铸铁			
⩽50	1.0～1.5	1.0～1.3	0.8～1.0	0.8～1.1	0.6～0.8	1.0～1.4
>50～120	1.5～2.0	1.3～1.7	1.0～1.4	1.3～1.8	0.8～1.1	1.4～1.8
>20～260	2.0～2.7	1.7～2.2	1.4～1.8	1.5～1.8	1.0～1.4	1.5～2.5
>260～500	2.7～3.5	2.2～3.0	2.0～2.5	1.8～2.2	1.3～1.8	2.2～3.0
>500	4.0～6.0	3.5～4.5	3.0～4.0	2.4～3.0	2.0～2.6	3.5～4.5

表 4-13 平面粗刨后精铣的加工余量 （单位：mm）

平面长度	平面宽度		
	⩽100	>100～200	>200
⩽100	0.6～0.7	—	—
>00～250	0.6～0.8	0.7～0.9	—
>250～500	0.7～1.0	0.75～1.0	0.8～1.1
>500	0.8～1.0	0.9～1.2	0.9～1.2

表 4-14 铣平面的加工余量 （单位：mm）

零件厚度	荒铣后粗铣						粗铣后半精铣					
	宽度⩽200			宽度>200～400			宽度⩽200			宽度>200～400		
	平面宽度											
	⩽100	>100～250	>250～400	⩽100	>100～50	>250～400	⩽100	>100～250	>250～400	⩽160	>100～250	>250～400
>6～30	1.6	1.2	1.5	1.2	1.5	1.7	0.7	1.0	1.0	1.0	1.0	1.0
>30～50	1.0	1.5	1.7	1.5	1.5	2.0	1.0	1.0	1.2	1.0	1.2	1.2
>50	1.5	1.7	2.0	1.7	2.0	2.5	1.0	1.3	1.5	1.3	1.5	1.5

注：1. 在铣以前材料厚度小于 6mm 以下时，其加工余量不包含在本表之内；

2. 铣削厚度偏差查表 4-16。

表 4-16　铣及磨平面时的厚度偏差　　　　（单位：mm）

零件厚度	荒铣(IT14)	粗铣(IT12～IT13)	半精铣(IT11)	精磨(IT8～IT9)
>3～6	－0.30	－0.12～－0.18	－0.075	－0.018～－0.030
>6～10	－0.36	－0.15～－0.22	－0.09	－0.022～－0.036
>10～18	－0.43	－0.18～－0.27	－0.11	－0.027～－0.043
>18～30	－0.52	－0.21～－0.33	－0.13	－0.033～－0.052
>30～50	－0.62	－0.25～－0.39	－0.16	－0.039～－0.062
>50～80	－0.74	－0.30～－0.46	－0.19	－0.046～－0.074
>80～120	－0.87	－0.35～－0.54	－0.22	－0.054－0.087
>120～180	－1.00	－0.43～－0.63	－0.25	－0.063～－0.100

第5章 切削用量

制订切削用量，就是在已经选择好刀具材料和几何角度的基础上，确定切削深度 a_p，进给量 f 和切削速度 V。正确地选择切削用量，对提高切削效率，保证合理的刀具耐用度，保证加工质量，降低成本都具有重要的作用。

5.1 车削与镗削

5.1.1 车削与镗削用量的选择原则

1. 粗加工切削用量的选择原则

在粗加工阶段，毛坯的加工余量较大，尺寸精度和表面粗糙度要求不高。在粗加工阶段的主要目的是保证较高的金属切除率和合理的刀具耐用度，以提高生产率和降低加工成本。

金属切除率与切削速度、进给量和切削深度均成正比，而对刀具耐用度的影响最小，*f* 次之，*V* 最大。因此，确定切削用量时，尽可能选择较大的.其次按工艺装备及技术条件的允许选择最大的 *f*，最后根据刀具耐用度确定 *V*。

(1)切削深度的选择。在工艺系统刚度和强度允许的条件下，尽可能选择较大的切削深度。

切削深度应根据加工余量确定。除留下精加工的余量外，应尽可能一次走刀切除全部粗加工余量，在加工余量过大或工艺系统刚度不足或刀片强度不足的情况下，应分成两次以上走刀。这时，应将第一次走刀的切削深度取大些，可占全部余量的2/3～3/4，而使第二次走刀的切削深度小些，以使精加工工序获得较小的表面粗糙度及较高的加工精度。

(2)进给量 *f* 的选择。切削深度选定以后，在工艺系统刚度和强度较好的情况下，尽量选择较大的进给量 *f*，反之要选择较小的进给量。

粗加工进给量可按表5-1推荐值选用

(3)切削速度的选择。粗加工时，在不超过机床的许用功率，保证必要刀具耐用度的前提下，选择大的切削速度。切削速度可用计算法确定，也可用查表法。表5-3给出了外圆车削切削速度。

2. 精加工时切削用量的选择原则

精加工时主要按表面粗糙度和加工精度确定切削用量。

(1)切削深度 a_p 的选择。主要根据工序余量来确定。一般情况下，半精加工和精加工的工序余量应一次走刀切削完成，特殊情况下可两次以上走刀切削完成。所以车削的 a_p 一般与单面工序余量相等。

(2)进给量f的选择。在选择进给量时主要考虑被加工表面的表面粗糙度要求。表5-2给出了半精车、精车外圆和端面的进给量的推荐值。

(3)切削速度的选择。一般选用切削性能高的刀具材料和合理化的几何参数，应尽可能地提高切削速度，只有当切削速度受到工艺条件限制不能提高时，才选低速，避开产生积屑瘤的速度范围。表5-3给出了外圆切削速度。

(4)精加工切削用量的选择原则是：应选择较小的切削深度 a_p 和进给量 f，在保证合理刀具耐用度的前提下，选用尽可能高的切削速度，在保证加工精度的同时满足生产率的需求。

3. 镗削切削用量的选择原则

镗孔的 f 应比车外圆小些。

半精镗、精镗进给量受加工粗糙度限制，参考外圆车削数据，并取较小值。或从表5-4、表5-5中选取。镗削速度比车削外圆时低10%～20%。

表 5-1　粗车外圆和端面时的进给量

（硬质合金车刀和高速钢车刀）

加工材料	车刀刀杆尺寸 B×H (mm)	工件直径 d (mm)	切削深度 α_p(mm)				
			≤	>	>	>	12 以上
			进给量 f(mm)				
碳素结构钢和合金结构钢	16×25	20	0.3～0.4	—	—	—	—
		40	0.4～0.5	0.3～0.4	—	—	—
		60	0.5～0.7	0.4～0.5	0.3～0.5	—	—
		100	0.6～0.9	0.5～0.7	0.5～0.6	0.4～0.5	—
		400	0.8～1.2	0.7～1.0	0.6～0.8	0.5～0.6	—
	20×30 25×25	20	0.3～0.4	—	—	—	—
		40	0.4～0.5	0.3～0.4		—	—
		60	0.6～0.7	0.5～0.7	0.4～0.6	—	—
		100	0.8～1.0	0.7～0.9	0.5～0.7	0.4～0.7	—
		600	1.2～1.4	1.0～1.2	0.8～1.0	0.6～0.9	
	25×40	60	0.6～0.9	0.5～0.8	0.4～0.7	—	—
		100	0.8～1.2	0.7～1.1	0.6～0.9	0.5～0.8	—
		1000	1.2～1.5	1.1～1.5	0.9～1.2	0.8～1.0	0.4～0.6
	30×45 40×60	500	1.1～1.4	1.1～1.4	1.0～1.2	0.8～1.2	0.7～1.1
		2500	1.3～2.0	1.3～1.8	1.2～1.6	1.1～1.5	1.0～1.5
铸铁及铜合金	16×25	40	0.4～0.5	—	—	—	—
		60	0.6～0.8	0.5～0.8	0.4～0.6	—	—
		100	0.8～1.2	0.7～1.0	0.6～0.8	0.5～0.7	—
		400	1.0～1.4	1.0～1.2	0.8～1.0	0.6～0.8	—
	20×30 25×25	40	0.4～0.5	—	—	—	—
		60	0.6～0.9	0.5～0.8	0.4～0.7	—	—
		100	0.9～1.3	0.8～1.2	0.7～1.0	0.5～0.8	—
		600	1.2～1.3	1.2～1.6	1.0～1.3	0.9～1.1	0.7～0.9
	25×40	60	0.6～0.8	0.5～0.8	0.4～0.7	—	—
		100	1.0～1.4	0.9～1.2	0.8～1.0	0.6～0.9	—
		1000	1.5～2.0	1.2～1.8	1.0～1.4	1.0～1.2	0.8～1.0
	30×45 40×60	500	1.4～1.8	1.2～1.6	1.0～1.4	1.0～1.3	0.9～1.2
		2500	1.6～2.4	1.6～2.0	1.4～1.8	1.3～1.7	1.2～1.7

注：1. 加工断续表面及有冲击的加工时，表内进给量应乘系数 $k=0.75\sim0.85$；

2. 加工耐热钢及其合金时，不采用大于 1.0mm/r 的进给量；

3. 加工淬硬钢时，表内进给量应乘系数 $k=0.8$（44～56HRC 时）或 $k=0.5$（57～62HRC 时）。

表 5-2 半精车与精车外圆和端面时的进给量

（硬质合金车刀和高速钢车刀）

表面光洁度	加工材料	副偏角 K'_r	切削速度 v 范围 (m/s)	刀尖半径 γ_ε(mm)		
				0.5	1.0	2.0
				进给量 f(mm/r)		
	钢和铸铁	5 10 15	不限制		1.0～1.1 0.8～0.9 0.7～0.8	1.3～1.5 1.0～1.1 0.9～1.0
	钢和铸铁	5 10～15	不限制		0.55～0.7 0.45～0.8	0.7～0.88 0.6～0.7
	钢	5	<0.083 0.833～1.666 >1.666	0.2～0.3 0.28～0.35 0.35～0.4	0.25～0.35 0.35～0.4 0.4～0.5	0.3～0.46 0.4～0.55 0.5～0.6
	10～15	<0.	083 0.833～1.666 >1.666	0.18～0.25 0.25～0.3 0.3～0.35	0.25～0.3 0.3～0.35 0.35～0.4	0.3～0.4 0.35～0.5 0.5～0.55
	铸铁	5 10～15	不限制		0.3～0.5 0.25～0.4	0.45～0.65 0.4～0.6
	钢	≥5	0.5～0.833 0.833～1.333 1.333～1.666 1.666～2.166 >2.166		0.11～0.15 0.14～0.20 0.16～0.25 0.2～0.3 0.25～0.3	0.14～0.22 0.17～0.25 0.23～0.35 0.25～0.39 0.35～0.39
	铸铁	≥5	不限制		0.15～0.25	0.2～0.35
	钢	≥5	1.666～1.833 1.833～2.166 >2.166		0.12～0.15 0.13～0.18 0.17～0.20	0.14～0.17 0.17～0.23 0.21～0.27

加工材料强度不同时进给量的修正系数

材料强度 σ_b(GPa)	<0.122	0.122～0.686	0.686～0.882	0.882～1.078
修正系数 $K_{料\sigma}$	0.7	0.75	1.0	1.25

表 5-3　外圆车削切削速度参考表

工件材料	热处理状态	硬度 HB	硬质合金车刀			高速钢车刀
			a_p=0.3～2mm f=0.08～0.3mm/r	a_p=2～6mm f=0.3～0.6mm/r	a_p=6～10mm f=0.6～1mm/r	
			切削速度 v(m/s)			
低碳钢易切钢	热轧	143～207	2.33～3.0	1.677～2.0	1.167～1.5	0.417～0.75
中碳钢	热轧 调质 淬火	179～255 200～250 347～547	2.17～2.667 1.667～2.17 1.1～1.333	1.5～1.83 1.167～1.5 0.667～1	1～1.333 0.833～1.167	0.333～0.5 0.25～0.417
合金结构钢	热轧 调质	212～269 200～293	1.667～2.17 1.333～1.83	1.167～1.5 0.833～1.167	0.833～1.167 0.667～1	0.333～0.5 0.167～0.333
工具钢	退火		1.5～2.0	1～1.333	0.833～1.167	0.333～0.5
不锈钢			1.167～1.333	1～1.167	0.833～1	0.25～0.417
灰碳铁		<190 190～225	1.5～2.0 1.333～1.83	1～1.333 0.833～1.167	0.833～1.167 0.67～1	0.333～0.5 0.25～0.417
高锰钢 (13%Mn)				0.167～0.333		
铜及铜合金			3.33～4.167	2.0～3.0	1.5～2	0.833～1.167
铝及铝合金			5.0～10.0	3.33～6.67	2.5～5	1.667～4.167
铸铝合金 (7%～13%Si)			1.667～3.0	1.333～2.5	1～1.67	0.667～1.333

注：切削钢及铸铁时刀具耐用度约为 3600～5400s(60～90min)

5.1.2 车削与镗削用量

高速钢及硬质合金，镗刀镗孔时的进给量及切削速度参照表5-4进行确定。

表5-4 镗刀镗孔时的进给量及切削速度

高速钢及硬质合金镗刀进给量							
镗孔直径 d_0(mm)	切削深度 a_p(mm)	加工钢					
		粗加工				精加工	光整加工
		刀杆伸出长度(mm)					
		100	200	300	500		
		进给量 f(mm/r)					
20	2.0	0.15～0.30	0.05～0.10	—	—	—	—
	0.5	—	—	—	—	0.08～0.15	0.05～0.10
40	3.0	0.15～0.30	0.10～0.20	0.08～0.15	—	—	—
	0.5	—	—	—	—	0.10～0.15	0.05～0.10
60	3.0	—	0.20～0.40	0.15～0.30	0.10～0.20	—	—
	5.0	—	0.15～0.30	0.10～0.20	0.10～0.15	—	—
	0.5	—	—	—	—	0.10～0.20	0.05～0.10
80	3.0	—	0.30～0.50	0.20～0.40	0.20～0.30	—	—
	5.0	—	0.20～0.40	0.15～0.30	0.10～0.20	—	—

铸铁镗刀镗孔时的进给量及切削速度参照表5-5进行确定。

表5-5 镗刀镗孔时的进给量及切削速度

高速钢及硬质合金镗刀进给量							
镗孔直径 d_0(mm)	切削深度 a_p(mm)	加工铸铁					
		粗加工				精加工	光整加工
		刀杆伸出长度(mm)					
		100	200	300	500		
		进给量 f(mm/r)					
20	2.0	0.10～0.20	0.08～0.15	—	—	—	—
	0.5	—	—	—	—	0.10～0.20	0.05～0.10
40	3.0	0.20～0.40	0.15～0.30	0.10～0.20	—	—	—
	0.5	—	—	—	—	0.10～0.20	0.05～0.10
60	3.0	—	0.25～0.50	0.20～0.40	0.10～0.20	—	—
	5.0	—	0.20～0.40	0.15～0.30	0.10～0.15	—	—
	0.5	—	—	—	—	0.15～0.25	0.05～0.10
80	3.0	—	0.35～0.70	0.25～0.50	0.20～0.40	—	—
	5.0	—	0.25～0.50	0.20～0.40	0.15～0.25	—	—

高速钢刀具 W18Cr4V 的切削速度参照表 5-6 进行确定。

表 5-6　高速钢刀具 W18Cr4V 的切削速度

加工材料	钢 $\sigma_b \leqslant 0.588$GPa 铜、黄铜	钢 $\sigma_b > 0.588$GPa	铝合金	铸铁、青铜
	加切削液	不加切削液		
切削速度 v(m/s)	0.25～0.5	0.16～0.32	0.5～0.83	0.2～0.4

注：硬质合金镗刀切削速度可参考车刀切削用量

硬质合金车刀和高速刚车刀切断及车槽的进给量参照表 5-7 进行确定。

表 5-7　切断及车槽的进给量

（硬质合金车刀和高速刚车刀）

切断刀				车槽刀				
切断刀宽度 B(mm)	刀头长度(mm)	工件材料		车槽刀的宽度 B(mm)	刀头长度(mm)	刀杆截面(mm)	工件材料	
		钢	灰铸铁				钢	灰铸铁
		进给量 f(mm/r)					进给量 f(mm/r)	
2	15	0.07～0.09	0.10～0.13		16	10×16	0.17～0.22	0.24～0.32
3	20	0.10～0.14	0.15～0.20	10	20		0.10～0.14	0.15～0.21
5	35	0.19～0.25	0.27～0.37	6	20	12×20	0.19～0.25	0.27～0.36
				8	25		0.16～0.21	0.22～0.30
	65	0.10～0.13	0.12～0.16	12	30		0.14～0.18	0.20～0.26
5	45	0.20～0.26	0.28～0.37	10	30	16×25	0.21～0.28	0.30～0.40
				14	30		0.20～0.27	0.29～0.39
	75	0.11～0.15	0.16～0.22	16	40		0.16～0.21	0.23～0.31
8	50	0.27～0.36	0.39～0.52	18	30	20×30	0.34～0.44	0.48～0.64
	100	0.13～0.18	0.20～0.26	20	50		0.18～0.24	0.26～0.35

注：加工 $\sigma_b \leqslant 0.588$GPa 钢及 HB≤180 铸铁时取进给量较大值；加工 $\sigma_b > 0.588$GPa 钢及 HB〉180 铸铁时取进给量较小值。

硬质合金车刀切断和车槽的切削速度参照表 5-8 进行确定。

表 5-8　切断和车槽的切削速度

硬质合金车刀						高速钢车刀					
YT15		YG6		YG8		W18Cr4V		W18Cr4V		W18Cr4V	
碳素结构钢、镍钢 0.637GPa		灰铸铁 190HB		可锻铸铁 150HB		碳素结构钢 =0.637GPa （加切削液）		灰铸铁 190HB		可锻铸铁 150HB （加切削液）	
f $(\frac{mm}{r})$	切刀宽度 (a_p) (mm)	f $(\frac{mm}{r})$	切刀宽度 (a_p) (mm)	f $(\frac{mm}{r})$	切刀宽度 (a_p) (mm)	f $(\frac{mm}{r})$	切刀宽度 (a_p) (mm)	f $(\frac{mm}{r})$	切刀宽度 (a_p) (mm)	f $(\frac{mm}{r})$	切刀宽度 (a_p) (mm)
	3～5		3～5		3～5		3～5		3～5		3～5
	V(m/s)		V(m/s)		V(m/s)		V(m/s)		V(m/s)		V(m/s)
0.06	2.65	0.11	1.22	0.11	1.53	0.06	0.81	0.11	0.39	0.11	0.68
0.08	2.11	0.14	1.11	0.14	1.39	0.08	0.67	0.14	0.36	0.14	0.60
0.10	1.76	0.16	1.05	0.16	1.32	0.10	0.57	0.16	0.34	0.16	0.56
0.12	1.52	0.20	0.96	0.20	1.21	0.12	0.51	0.20	0.31	0.20	0.50
0.15	1.27	0.24	0.89	0.24	1.12	0.15	0.44	0.24	0.29	0.24	0.46
0.18	1.10	0.28	0.84	0.28	1.05	0.18	0.39	0.28	0.27	0.28	0.43
0.20	1.01	0.30	0.81	0.30	1.02	0.20	0.36	0.30	0.26	0.30	0.41
0.23	0.90	0.32	0.79	0.32	0.99	0.23	0.33	0.32	0.26	0.32	0.40
0.26	0.82	0.35	0.77	0.35	0.97	0.26	0.31	0.35	0.25	0.35	0.38
0.30	0.73	0.40	0.73	0.40	0.92	0.30	0.28	0.40	0.23	0.40	0.36
0.32	0.69	0.45	0.69	0.45	0.87	0.32	0.27	0.45	0.22	0.45	0.34
0.36	0.63	0.50	0.66	0.50	0.83	0.36	0.25	0.50	0.21	0.50	0.32
0.40	0.58	0.55	0.64	055	0.80	0.40	0.23	0.55	0.21	0.55	0.30

切槽时，最终直径与初始直径之比不同应乘下面修正系数。

最终直径/初始直径	0.5～0.7	0.8～0.95
修正系数 K	0.96	0.84

速度与切刀宽度无关，表中给出的 3～15 是常用的切刀宽度。

5.1.3 车削力、车削功率和车削速度的计算

1. 车削切削力的计算

车削切削力用单位切削力计算公式计算。

$$主切削力\ F_z=p\cdot a_p\cdot f\cdot k_{FZ}(N)$$

式中 p——单位切削力(N/mm^2),从表5-9中查取;

a_p——切削深度(mm);

f——进给量(mm/r)。

p值是在一定的实验条件下获得的。如果实际切削条件与表中实验条件不同,则须对计算结果用修正系数修正,教学上不需要精确计算,故可近似取修正系数k_{FZ}为1。若需精确计算可查有关手册。

2. 车削切削功率的计算

车削切削功率可用主切削力F_z或单位切削功率p_s计算。

(1)用主切削力F_z计算切削功率p_m

$$p_m=F_z\cdot v\cdot 10^{-3}(kW)$$

上式中,F_z的单位为N,v的单位为m/s。

(2) 用单位切削功率p_s计算切削功率p_m

$$p_m=100p_s\cdot v\cdot a_p\cdot f\cdot kp_m\quad (kW)$$

式中 p_s——单位切削功率[$kW/(mm^3/s)$],从表5-9中查取;它是在一定的实验条件下得到的。如果实际切削条件与表中实验条件不同,处理方法与切削力计算相同,教学上近似取$K_{pm}=1$。

计算切削功率的目的是根据p_m来选择机床电机的功率或对其进行校验。机床电机功率与切削功率应满足公式$p_E\geqslant p_m/\eta_m$。式中p_E为机床电机功率,η_m为机床传动效率,一般取$\eta_m=0.75\sim0.85$。

3. 车削速度的计算

车削速度可根据如下经验公式计算,公式中的各项指数和系数可从表5-10中查取。

$$v=\frac{C_v}{60^{1-m}\cdot t^m\cdot a_p^{X_v}\cdot f^{y_v}}\cdot k_v\quad (m/s)$$

公式中的修正系数k_v是表中查得的各项系数$K_{料V}$、K_{xr}、$K_{前V}$、$K_{皮V}$、$K_{刀V}$、$K_{方V}$的乘积。

表 5-9　硬质合金外圆车刀切削常用金属材料时的单位切削力与单位切削功率

工件材料					单位切削力 $F(N/mm^2)$ $f=0.3mm/r$	单位切削功率 $p_\delta[kW/(mm^3/s)]$	实验条件	
类别	名称	牌号	制造、热处理状态	硬度(HB)			刀具几何参数	切削用量范围
钢	易切钢	Y40Mn	热扎	202	1668	1668×10^{-6}	$\gamma_0=15^0,\kappa_r=75^0$ $\lambda_s=0^0,b_{r1}=0$ 平前刀面,无卷屑槽	$v=1.5\sim1.75m/s$ $a_p=1\sim5mm$ $f=0.1\sim0.5mm/r$
	碳素结构钢	A3	热扎或正火	134～137	1884	1884×10^{-6}		
		45 40Cr 40AnB 38CrMoA1A		187 212 207～212 241～269	1962	1962×10^{-6}		
		45 40Cr 38CrSi	调质(淬火及高温回火)	229 285 292	2305 2197	2305×10^{-6} 2197×10^{-6}	$\gamma_0=15^0$　$\kappa_r=75^0$ $\lambda_s=0^0$, $b_{r1}=0.1\sim0.15mm$, $\gamma_{01}=-20^0$ 前刀面带卷屑槽	
		45	淬硬(淬火及高温回火)	44HRC	2649	2649×10^{-6}		
铸铁	灰铸铁 球墨铸铁 可锻铸铁	HT200 QT45－5 KT30－6	退火	170 170～207 170	1118 1412 1344	1118×10^{-6} 1413×10^{-6} 1344×10^{-6}	$r_0=15^0$, $\kappa_r=75^0$ $\lambda_s=0^0,b_{r1}=0$ 平前刀面,无卷屑槽	$v=1.17\sim1.42m/s$ $a_p=2\sim10mm$ $f=0.1\sim0.5mm/r$ 平前刀面上带卷屑槽
	冷硬铸铁	扎辊用	表面硬化	52～55 HRC	3434[$f=0.8$] 3139[$f=1$] 2845[$f=1.2$]	3434×10^{-6} 3139×10^{-6} 2845×10^{-6}	$\gamma_0=0$ $\kappa_r=12\sim14^0$ 平前刀面,无卷屑槽	$v=0.117m/s$ $a_p=1\sim5mm$ $f=0.1\sim1.2mm/r$

表 5-10　硬质合金车刀切削速度的计算公式

加工材料	加工类型		刀具			公式中的指数及系数				车刀耐用度
			主偏角和副偏角		硬质合金牌号					
			K_r^0	K'^0_r		C_v	χ_v	y_v	m	t(s)
碳素结构及合金结构刚 σ_b = 0.735GPa	外圆纵车	f≤0.3	45°	10°	YT5	273	0.15	0.2	0.2	3600
		f≤0.75				227		0.35		
		f>0.75				221		0.45		
		a_p≤f	45°	0°	YT15	292	0.3	0.15	0.18	2700
		a_p>f					0.15	0.3		
灰素铁 HB190	外圆纵车	f≤0.4	45°	10°	YG6	292	0.15	0.2	0.2	3600
		f>0.4				243		0.4		
		a_p≤f	45°	0°	YG6	324	0.4	0.2	0.28	1800
		a_p>f					0.2	0.4		
可锻铸铁 HB=150HB	外圆纵车	f≤0.4	45°	10°	YG8	317	0.15	0.2	0.2	3600
		f>0.4				215		0.45		

加工条件改变时切削速度的修正系数 k_v

1. 加工材料	加工材料系数 $k_{料v}$	钢 $k_{料v}=\frac{75}{\sigma_b}$	灰铸铁 $k_{料v}=(\frac{190}{HB})^{1.25}$	可锻铸铁 $k_{料v}=(\frac{150}{HB})^{1.25}$

2. 主编角		主偏角 x_r	10	20	30	45	60	75	90
	系数 k_{x_r}	钢、可锻铸铁	1.55	1.3	1.13	1.0	0.92	0.86	0.81
		铸铁				1.0	0.88	0.83	0.73

3. 前刀面形状	前刀面形状	带负导棱	负前刀面
	系数 $k_{前v}$	1.0	1.05

4. 毛坯表面状态	表面状态	无外皮、轧件	铸造外皮	带沙铸造外皮
	系数 $k_{皮v}$	1.0	0.8～0.88	0.5～0.6

5. 硬质合金牌号							
	钢	牌号	YT30	YT14	YT15	YT15T	YT5
		系数 $k_{刀v}$	2.15	1.23	1.54	1.77	1.0
	灰铸铁	牌号	YG2	YG3	YG4	YG6	YG8
		系数 $k_{刀v}$	1.2～1.25	1.15	1.4～1.5	1.0	0.83

6. 加工类型	加工类型	外圆纵车	横车 d_m : d_w		
			0～0.4	0.5～0.7	0.8～1.0
	系数 $k_{刀v}$	1.0	1.25	1.20	1.05

5.2 铣 削

铣削可加工平面、槽、螺纹、齿轮及其他成形表面。铣刀是一种多刃刀具，同时参加切削的切削刃总长度较长，可使用较高的切削速度，无空行程，生产率较高。

5.2.1 铣削用量的选择原则

铣削宽度：铣削宽度是指垂直于铣刀轴线方向测量的切削层尺寸。

铣削深度：铣削深度是指平行于铣刀轴线方向测量的切削层尺寸。

铣削用量的选择顺序和车削用量选择一样，应首先选择切削深度，其次是选进给量，最后才决定铣削速度。

(1)切削深度

对于圆柱铣刀，切削深度是铣削宽度a_e。当加工余量小于5mm，表面粗糙度低于Ra3.2时，一次进给就可铣削全部加工余量；表面粗糙度Ra3.2时，须粗铣后再经一次精铣，表面粗糙度Ra1.6以上时，精铣须分两次，第二次切削深度a_e取为0.3～0.5mm。若加工余量大于5mm或需精加工时，可分两次进给，则第二次的可取为0.5～2mm。对于端铣刀，切削深度是铣削深度，一般加工余量小于6mm时，可一次进给切除全部余量；若需精铣时，可分多次进给，最后一次的可取1mm。

(2)每齿进给量a_f

a_f推荐值见表5-12，表中小值用于精铣，大值用于粗铣。确定值后，可用式来换算进给速度，并按铣床标牌选用靠近值。

(3)切削速度

确定了并查表选取了耐用度后，即可按公式或查有关表格确定切削速度。

5.2.2 铣削用量

铣削用量如表5-11、表5-12、表5-13所示。

表 5-11　铣削时的铣削速度 v 推荐值　　(m/s)

刀具的材料	被加工金属材料的性质		碳钢	合金钢	工具钢	灰铸铁	可锻铸铁
高速钢	布氏硬度	HB<140	0,417～0.70	0.35～0.60	—	0.40～0.60	0.70～0.83
		HB=150～225	0.35～0.65	0.25～0.50	0.20～0.30	0.25～0.35	0.25～0.60
		HB=230～290	0.25～0.60	0.20～0.45	0.25～0.38	0.15～0.3	0.15～0.35
		HB=300～425	0.15～0.35	0.10～0.25	—	—	—
硬质合金	布氏硬度	HB<140	1.25～2.50	1.17～2.17	—	1.83～1.92	1.67～3.33
		HB=150～225	1.00～2.00	1.00～1.83	0.75～1.17	1.00～2.00	1.38～2.00
		HB=230～290	0.90～1.92	0.92～1.67	1.00～1.38	0.75～1.50	0.67～1.50
		HB=300～425	0.60～1.25	0.50～0.83	—	—	—

表 5-12　铣刀的每齿进给量 a_f　　(mm/Z)

刀具材料	铣刀类型	被加工金属材料				
		碳刚	合金钢	工具钢	灰铸钢	可锻铸钢
高速钢	端铣刀	0.1～0.3	0.07～0.25	0.07～0.20	0.1～0.35	0.1～0.4
	三面刃盘铣刀	0.05～0.2	0.05～0.22	0.05～0.15	0.07～0.25	0.07～0.25
	立铣刀	0.03～0.15	0.02～0.10	0.025～0.10	0.07～0.18	0.08～0.20
	成型铣刀	0.07～0.1	0.05～0.1	0.07～0.1	0.07～0.12	0.07～0.15
	圆柱铣刀	0.07～0.2	0.05～0.2	0.05～0.2	0.1～0.3	0.1～0.38
硬质合金	端铣刀	0.10～0.3	0.075～0.2	0.07～0.25	0.2～0.5	0.1～0.04
	三面刃盘铣刀	0.10～0.3	0.05～0.25	0.05～0.25	0.125～0.3	0.1～0.3

表 5-13 各种铣刀合理耐用度参考值

刀具材料	铣刀名称	合理耐用度参考值 10^3(s)								
		铣刀直径(mm)								
		20	50	75	100	150	200	300	400	500
高速钢	端铣刀	—	6.0	7.2	7.8	10.2	15.0	18.0	24.0	30.0
	立铣刀	3.6	4.8	6.0	—	—	—	—	—	—
	三面刃盘铣刀、锯片铣刀	—	6.0	7.2	7.8	15	—	—	—	—
	键槽铣刀	—	4.8	5.4	6.0	7.2	—	—	—	—
	圆柱铣刀	—	6.0	10.2	16.8	—	—	—	—	—
	角度铣刀	—	6.0	9.0	10.2	—	—	—	—	—
	半圆弧(凸或凹)成型铣刀	—	3.6	4.6	6.0	—	—	—	—	—
	燕尾铣刀	—	7.2	10.8	12	—	—	—	—	—
硬质合金	端铣刀	—	5.4	6.0	7.2	12.0	18.0	30.0	36.0	48.0
	立铣刀	4.5	5.4	—	—	—	—	—	—	—
	三面刃盘铣刀、锯片铣刀	—	—	7.8	9.6	12.0	18.0	24.0	—	—
	键槽铣刀	—	—	7.2	9.0	10.8	—	—	—	—
	圆柱铣刀	—	—	—	9.0	10.8	12.0	—	—	—

5.3 钻削与铰削

5.3.1 钻削与铰削用量的选择

钻削用量的选择包括确定钻头直径 D、选取走刀量 f 和切削速度 V(或主轴转数 n)。

钻孔用于粗加工,根据选择切削用量的原理,应尽可能选大直径钻头,选大的走刀量,再根据钻头的耐用度选用合适的钻削速度,这样才能使钻削效率最高。

1. 钻头直径的选择

钻头直径按工艺尺寸要求确定,尽可能一次钻出所要求的孔。当机床性能不能胜任时,才采取先钻孔,再扩大孔的工艺。先钻再扩时,钻头直径取加工尺寸的(0.5～0.7)倍。

2. 走刀量的选择

增大 f 受到的限制主要是钻头强度(小直径钻头),和机床走刀机构的动力(大直径钻头)。有时也受工艺系统刚性的限制。精孔或深孔还受加工精度、粗糙度和排屑的限制。

标准麻花钻的走刀量可查表选取。

采用先进钻型能有效地减少轴向力,往往能使走刀量成倍提高。因此选取走刀量时还必须根据实践经验和具体条件分别对待。

3. 钻削速度的选择

钻削速度通常根据钻头的耐用度按经验选取。现推荐一些高速钢钻头适用的切削速度(表 5-18)供参考使用。

铰削用于孔的半精加工和精加工。铰削的特点是加工余量小,切削厚度薄。铰削进给量和切削速度在加工较高精度孔时应选小值,反之可以选较大数值。

5.3.2 钻削与铰削用量

1. 钻削切削用量

钻削切削用量如表 5-14、表 5-15、表 5-16、表 5-17、表 5-18 所示。

表 5-14 高速钢钻头钻孔时的进给量

钻头直径(mm)	钢 σ_b(GPa)			铸铁、铜及铝合金 HB	
	＜0.784	0.784～0.981	＜0.981	≤200	＞200
	进给量 f(mm/r)				
≤2	0.05～0.06	0.04～0.05	0.03～0.04	0.09～0.11	0.05～0.07
＞2～4	0.08～0.10	0.06～0.08	0.04～0.06	0.08～0.12	0.11～0.13
＞4～6	0.14～0.18	0.10～0.12	0.08～0.10	0.27～0.33	0.18～0.22
＞6～8	0.18～0.22	0.13～0.15	0.11～0.13	0.36～0.44	0.22～0.26
＞8～10	0.22～0.28	0.17～0.21	0.13～0.17	0.47～0.57	0.28～0.34
＞11～13	0.25～0.31	0.19～0.23	0.15～0.19	0.52～0.64	0.31～0.39
＞13～16	0.31～0.37	0.22～0.28	0.18～0.22	0.61～0.75	0.37～0.45
＞16～20	0.35～0.43	0.26～0.32	0.21～0.25	0.70～0.86	0.43～0.53
＞20～25	0.39～0.47	0.29～0.35	0.23～0.29	0.78～0.96	0.47～0.57
＞25～30	0.45～0.55	0.32～0.40	0.27～0.33	0.9～1.1	0.54～0.66
＞30～60	0.60～0.70	0.40～0.50	0.30～0.40	1.0～1.2	0.7～0.8

注:1. 适用于在大刚度零件上钻孔,精度在 12 级以下(或自由公差),钻孔后还用钻头,锪钻或镗刀加工。在下列条件下需修正系数;

钻孔深度大于 8 倍直径时应乘修正系数：

钻孔深度(孔深以直径的倍数表示)	$3d$	$5d$	$7d$	$10d$		
修整系数 k_{lf}	1.0	0.9	0.8	0.75		

2. 在中等刚度零件上钻孔(箱体形状的薄壁零件、零件上薄的突出部分钻孔)时，乘系数 0.75。
3. 钻孔后要用铰刀加工的精确孔，低刚度零件上钻孔，斜面上钻孔，钻孔后用丝锥攻螺纹，乘系数 0.50。
4. 为避免钻头损坏，当刚要钻穿时应停止自动进给而改用手动进给。

表 5-15　硬质合金钻头钻孔的进给量　　mm/r

钻头直径 d_0(mm)	未淬硬的碳钢及合金钢 σ=550～850MPa	淬硬钢 硬度(HRC)				铸铁 硬度(HB)	
		≤40	40	55	64	≤170	>170
≤10	0.12～0.16	0.04～0.05	0.03	0.025	0.02	0.25～0.45	0.20～0.35
>10～12	0.14～0.20					0.30～0.50	0.20～0.35
>12～16	0.16～0.22					0.35～0.60	0.25～0.40
>16～20	0.20～0.26					0.40～0.70	0.25～0.40
>20～23	0.22～0.28					0.45～0.80	0.30～0.45
>23～26	0.24～0.32					0.50～0.85	0.35～0.50
>26～29	0.26～0.35					0.50～0.90	0.40～0.60

注：1. 大进给量用于在大刚性零件上钻孔，精度在 H12～H13 级以下或自由公差，钻孔后还用钻头，扩孔钻或镗刀加工。小进给量用于在中等刚性条件下，钻孔后要用铰刀加工的精确孔，钻孔后用丝锥攻螺纹的孔；

2. 钻孔深度大于 3 倍直径时应乘修正系数；

孔深	$3d_0$	$5d_0$	$7d_0$	$10d_0$
修正系数 k_{lf}	1.0	0.9	0.8	0.75

3. 为避免钻头损坏，当刚要钻穿时应停止自动走刀而改用手动走刀；
4. 钻削钢件时使用切削液，钻削铸铁时不使用切削液。

表 5-16　高速钢钻头钻削不同材料的切削用量

加工材料		硬度		切削速度 v(m/s)	钻头直径 d_0(mm)					钻头螺旋角	钻尖角
		(HB)	(HRB)		<3	3～6	6～13	13～19	19～25		
					进给量 f(mm/r)						
铝及铝合金		45～105	62	1.75	0.80	0.15	0.25	0.40	0.48	32～42	90～118
铜及铜合金	高加工性	～124	10～70	1.0	0.80	0.15	0.25	0.40	0.48	15～40	118
	低加工性	～124	10～70	0.33	0.80	0.15	0.25	0.40	0.48	0～25	118
镁及镁合金		50～90	～52	0.75～2.0	0.80	0.15	0.25	0.40	0.48	25～35	118
锌合金		80～100	41～62	1.25	0.80	0.15	0.25	0.40	0.48	32～42	118
碳钢	～0.25C	125～175	71～88	0.4	0.80	0.13	0.20	0.26	0.32	25～35	118
	～0.50C	175～225	88～98	0.33	0.80	0.13	0.20	0.26	0.32	25～35	118
	～0.90C	175～225	88～98	0.28	0.80	0.13	0.20	0.26	0.32	25～35	118
合金钢	0.12～0.25C	175～225	88～98	0.35	0.80	0.15	0.20	0.40	0.48	25～35	118
	0.30～0.65	175～225	88～98	0.25～0.30	0.50	0.09	0.15	0.21	0.26	25～35	118
马氏体时效钢		275～225	28～35HRC	0.28	0.80	0.13	0.20	0.26	0.32	25～32	118～135
不锈钢		135～185	75～90	0.28	0.50	0.09	0.15	0.21	0.26	25～35	118～135
灰铸铁	软	120～150	～80	0.72～0.77	0.80	0.15	0.25	0.40	0.48	20～30	90～118
	中硬	160～220	80～97	0.40～0.57	0.80	0.13	0.20	0.26	0.32	14～25	90～118
可锻铸铁		112～126	～71	0.45～0.62	0.80	0.13	0.20	0.26	0.32	20～30	90～118
球墨铸铁		190～225	～98	0.30	0.80	0.13	0.20	0.26	0.32	14～25	90～118

表 5-17　硬质合金钻削不同材料的切削用量

加工材料	抗拉强度（MPa）	硬度（HB）	进给量 f(mm/r)		切削速度 v(m/s)		切削液	钻尖角（°）
			d_0(mm)					
			5～10	11～30	5～10	11～30		
工具钢	1000	300	0.08～0.12	0.12～0.2	0.58～0.67	0.67～0.75	非水溶性切削油	
	1800～1900	500	0.04～0.15	0.05～0.08	0.13～0.18	0.18～0.23		
	2300	700	<0.02	<0.03	<0.10	0.12～0.17		
镍铬钢	1000	300	0.08～0.12	0.12～0.2	0.58～0.67	0.58～0.75		
	1400	420	0.05～0.08	0.05～0.08	0.25～0.33	0.33～0.42		
铸钢	500～600	—	0.08～0.12	0.12～0.2	0.58～0.63	0.63～0.67		
不锈钢	—	—	0.08～0.12	0.12～0.2	0.42～0.45	0.45～0.58		
热处理钢	1200～1800		0.02～0.07	0.05～0.15	0.33～0.50	0.42～0.50		
淬硬钢		50HRC	0.01～0.04	0.02～0.06	0.13～0.17	0.13～0.20		
高锰钢（含 Mn（12～13）%）	—	—	0.02～0.02	0.03～0.08	0.17～0.18	0.18～0.25		
耐热钢	—	—	0.01～0.05	0.05～0.1	0.05～0.10	0.08～0.13		
灰铸铁	—	200	0.2～0.3	0.3～0.5	0.67～0.75	0.75～1.0	干切或乳化液	
合金铸铁	—	230～350	0.03～0.07	0.05～0.1	0.33～0.67	0.42～0.75	非水溶性切削油或乳化液	
	—	350～400	0.03～0.05	0.04～0.08	0.13～0.33	0.17～0.42		
冷硬铸铁	—	—	0.02～0.04	0.02～0.05	0.08～0.13	0.10～0.17		
可锻铸铁	—	—	0.15～0.2	0.2～0.4	0.58～0.63	0.63～0.67	干切或乳化液	
高强度可锻铸铁	—	—	0.08～0.12	0.12～0.2	0.58～0.63	1.50～1.67		
黄铜	—	—	0.07～0.15	0.1～0.2	1.17～1.67	0.92～1.25		
铸造青铜	—	—	0.07～0.1	0.09～0.2	0.83～1.17	4.50～5.0		
铝	—	—	0.15～0.3	0.3～0.8	4.17～4.50	2.17～2.33	干切或汽油	
硅铝合金	—	—	0.2～0.6	0.2～0.6	2.08～4.50			

表 5-18 高速钢钻头钻孔时的切削速度

加工材料	硬度(HB)	切削速度 v(m/s)
低碳钢	100～125	0.45
	125～175	0.40
	175～225	0.35
中高碳刚	125～175	0.37
	175～225	0.33
	225～275	0.25
	275～325	0.20
合金钢	175～225	0.30
	225～325	0.25
	275～325	0.20
	325～375	0.17
高速钢	200～250	13
灰铸钢	100～140	0.55
	140～190	0.45
	190～220	0.35
	220～260	0.25
	260～320	0.15
可锻铸铁	110～160	0.70
	160～200	0.42
	200～240	0.33
	240～280	0.20
球墨铸铁	140～190	0.50
	190～225	0.35
	225～260	0.28
	260～300	0.20
铸钢	低碳	0.40
	中碳	0.30～0.40
	高碳	0.25
铝合金、镁合金		1.25～1.50
铜合金		0.33～0.80

2. 扩孔切削用量

表 5-19　扩钻与扩孔的切削用量

	切削深度	进给量	切削速度
扩钻	$(0.15\sim0.25)d_0$	$(1.2\sim1.8)f_{钻}$	$(1/2\sim1/3)v_{钻}$
扩孔	$0.05d_0$	$(2.2\sim2.4)f_{钻}$	

注：用麻花钻扩称为扩钻，用扩孔钻扩孔称为扩孔；d_0—直径；$f_{钻}$—钻孔进给量；$v_{钻}$—钻孔切削速度；* 锪沉头座及孔口端面时取小值。

表 5-20　高速钢及硬质合金扩孔钻扩孔时的进给量

扩孔钻直径 d_0(mm)	加工不同材料时的进给量 f(mm/r)		
	钢及铸钢	铸铁、铜合金及铝合金	
		≤200HB	>200HB
≤15	0.5～0.6	0.7～0.9	0.5～0.6
>15～20	0.6～0.7	0.9～1.1	0.6～0.7
>20～25	0.7～0.9	1.0～1.2	0.7～0.8
>25～30	0.8～1.0	1.1～1.3	0.8～0.9
>30～35	0.9～1.1	1.2～1.5	0.9～1.0
>35～40	0.9～1.2	1.4～1.7	1.0～1.2
>40～50	1.0～1.3	1.6～2.0	1.2～1.4
>50～60	1.1～1.3	1.8～2.2	1.3～1.5
>60～80	1.2～1.5	2.0～2.4	1.4～1.7

注：1. 加工强度及硬度较低的材料时，采用较大值；加工强度及硬度较高的材料时，采用较小值；
2. 在扩盲孔时，进给量取为 0.3～0.6mm/r；
3. 表列进给量用于：孔的精度不高于 H12～H13 级，以后还要用扩孔钻和铰刀加工的孔，还要用两把铰刀加工的孔；
4. 当加工孔的要求较高时，例如 H8～H11 级精度的孔，还要用一把铰刀加工的孔，用丝锥攻丝前的扩孔，则进给量应乘系数 0.7。

3. 铰孔切削用量

表 5-21 高速钢及硬质合金铰刀铰孔时的进给量 mm/r

铰刀直径 d_0(mm)	高速钢铰刀				硬质合金铰刀			
	钢		铸铁		钢		铸铁	
	$\sigma_b \leqslant$ 900MPa	$\sigma_b >$ 900MPa	≤170HB 铸铁、铜及铝合金	>170HB	未淬硬钢	淬硬钢	≤170HB	>170HB
≤5	0.2～0.5	0.15～0.35	0.6～1.2	0.4～0.8	—	—	—	—
>5～10	0.4～0.9	0.35～0.7	1.0～2.0	.65～1.3	0.35～0.5	0.25～0.35	0.9～1.4	0.7～1.1
>10～20	0.65～1.4	0.55～1.2	1.5～3.0	1.0～2.0	0.4～0.6	0.30～0.40	1.0～1.5	0.8～1.2
>20～30	0.8～1.8	0.65～1.5	2.0～4.	1.3～2.6	0.5～0.7	0.35～0.45	1.2～1.8	0.9～1.4
>30～40	0.95～2.1	0.8～1.8	2.5～5.0	1.6～3.2	0.6～0.8	0.40～0.50	1.3～2.0	1.0～1.5
>40～60	1.3～2.8	1.0～2.3	3.2～6.4	2.1～4.2	0.7～0.9	—	1.6～2.4	1.25～1.8
>60～80	1.5～3.2	1.2～2.6	3.75～7.5	2.6～5.0	0.9～1.2	—	2.0～3.0	1.5～2.2

注：1. 表内进给量用于加工通孔，加工盲孔时进给量应取为 0.2～0.5mm/r；

2. 最大进给量用于在钻或扩孔之后，精铰孔之前的粗铰孔；

3. 中等进给量用于：1)粗铰之后精铰 H7 级精度的孔；2)精镗之后精铰 H7 级精度的孔；3)对硬质合金铰刀，用于精铰 H8～H9 级精度的孔；

4. 最小进给量用于：1)抛光或珩磨之前的精铰孔；2)用一把铰刀铰 H8～H9 级精度的孔；3)对硬质合金铰刀，用于精铰 H7 级精度的孔。

5.4 磨 削

磨削是一种应用广泛的加工方法。过去磨削一般常用于半精加工和精加工，加工精度可达 IT5～IT6，加工表面粗糙度值 R_a 达 1.25μm～0.01μm。磨削常用于加工淬硬钢、高温合金、硬质合金及其他硬脆材料，可用来加工各种内、外表面和平面，也可加工螺纹、花键、齿轮等复杂成形表面。随着磨削技术的发展，近年来，磨削加工不仅广泛用于精加工，并且还用于粗加工和毛坯去硬皮加工。在重型磨床上，磨削余量可达 6mm 以上，每小时金属切除量达 250kg～360kg，可获得较高的生产效率和良好的经济性。

5.4.1　砂轮的特性及其选择

砂轮是磨具的一种。是一种用结合剂把磨料粘结起来，经压坯、干燥、焙烧和车整而成的用磨粒进行切削的工具。砂轮经磨削钝化后，需修整后再用。

砂轮的特性主要由磨料、粒度、粘合剂、硬度和组织五个因素决定。

(1)磨料：常用的磨料有刚玉系、碳化物系、高硬磨料系三种。各种磨料的特性及适用范围见表 5-22。

表 5-22　普通磨料品种、代号及其应用范围

系列	磨料名称	代号	特性	适用范围
刚玉系	棕刚玉	A(GZ)	棕褐色、硬度高、韧性大、价格便宜	磨削碳钢、合金钢、可锻铸铁、硬青铜
	白刚玉	WA(GB)	白色、硬度比棕刚玉高、韧性较棕刚玉低	磨削淬火钢、高速钢、高碳钢及薄壁零件
	铬刚玉	PA(GG)	玫瑰红或紫红色。韧性比白刚玉高，磨削粗糙度好	磨削淬火钢、高速钢、高碳钢及薄壁零件
	锆刚玉	ZA(GA)	黑褐色。强度和耐磨性都高	磨削耐热合金钢、钛合金和奥氏体不锈钢等
	单晶刚玉	SA(GD)	浅黄色或白色。硬度和韧性比白玉刚高	磨削不锈钢、高钒高速钢等强度高、韧性大的材料
	微晶刚玉	MA(GW)	颜色与棕刚玉相似，强度高、韧性和自锐性能良好	磨削不锈钢，轴承钢和特种球墨铸铁，也可用于高速和低粗糙度磨削
	镨钕刚玉	NA(GP)	淡白色、硬度和韧性比白玉刚高，自锐性能好	磨削球墨铸铁，高磷和铜锰铸铁，也可磨削不锈钢及超硬高速钢等
	单晶白刚玉	(GBD)	性能接近单晶刚玉或白刚玉	主要用于磨削工具钢等

续表

系列	磨料名称	代号	特性	适用范围
碳化物系	绿碳化硅	GC(TL)	绿色、硬度和脆性比黑碳化硅高，具有良好的导热性和导电性	磨削硬质合金、宝石、陶瓷、玉石，玻璃等材料
	黑碳化硅	C(TH)	黑色、有光泽。硬度比白刚玉高，性脆而锋利、导热性和导电性良好	磨削铸铁、黄铜、铝、耐热材料及非金属材料
	碳化硼	BC(TP)	灰黑色、硬度比黑、绿碳化硅高，耐磨性好	主要研磨或抛光硬质合金、拉丝模、宝石和玉石等
	碳硅硼	(TSP)	灰黑色、硬度比黑绿碳化硅高	磨削或研磨硬质合金、半导体、人造宝石、玉石和陶瓷等
	立方碳化硼	SC(TF)	淡绿色、立方晶体结构、强度比黑碳硅高、磨削力较强	磨削韧而粘的材料，如不锈钢等，磨削轴承沟道或对轴承进行超精加工等
高硬磨料系	人造金刚石	D(JR)	无色透明或淡黄色、黄绿色、黑色。硬度高，比天然金刚石脆	磨硬脆材料、硬质合金、宝石、光学玻璃、半导体、切割石材等以及制造各种钻头(地质和石油钻头等)
	立方氮化硼	CBN	黑色或淡白色。立方晶体、硬度仅次于金刚石，耐磨性高，发热量小	磨削各种高温合金，高钼、高钒、高钴肮、不锈钢等。还可做氮化硼车刀用

注：根据 GB2476—83《磨料代号》。括号内为旧标准代号。

(2)粒度：粒度表示磨料颗粒的大小。颗粒尺寸大于 40μm 的磨料，用机械筛分法决定其粒度号；号数就是该种颗粒刚能通过的筛网号，即每英寸(25.4mm)长度上的筛孔数。例如，60# 粒度系指磨粒刚可通过每英寸长度上有 60 个孔眼的筛网。因此，粒度号大称细粒度，小则称粗粒度。

颗粒尺寸小于 40μm 者称微粉，其尺寸用显微镜分析法测量。微粉的粒度号数即颗粒最大尺寸的微米数，在其前加 W。例如 W20 表示磨料的最大颗粒直径(20μm)。

磨料的粒度号和颗粒尺寸如表 5-23 所示。

(3)结合剂：结合剂的作用是将磨粒粘合在一起，使砂轮具有必要的形状和强度。常见的磨具结合剂名称、代号、特性及适用范围见表 5-24。

(4)硬度：砂轮的硬度是反映磨粒在磨削力作用下，从砂轮表面上脱落的难易程度。砂轮软，表示磨粒容易脱落。磨具的硬度等级及代号见表 5-25，选择原则见表 5-26。

(5)组织：砂轮的组织反映了磨粒、结合剂、气孔三者之间的比例关系。磨粒在砂轮总体积中所占的比例越大，则砂轮的组织越紧密，气孔越小。砂轮组织的级别可分为紧密、中等、疏松三大类，细分为 5 级，见表 5-27。

表 5-23　磨料的粒度号和颗粒尺寸

<table>
<tr><th>粒度号</th><th>工称尺寸/μm</th><th>适用范围</th><th>粒度号</th><th>工称尺寸/μm</th><th>适用范围</th></tr>
<tr><td rowspan="2">8#
10#
12#
14#
16#
20#
24#</td><td rowspan="2">3150～2500
2500～2000
2000～1600
1600～1250
1250～1000
1000～800
800～630</td><td rowspan="2">磨钢锭、打磨铸件毛刺、荒磨和切断钢坯等</td><td>180
240</td><td>80～63
63～50</td><td>半精磨、精磨、成形磨、刀具刃磨、珩磨等</td></tr>
<tr><td>280
W40</td><td>50～40
40～28</td><td>精磨、螺纹磨、珩磨、超精加工和精密磨削</td></tr>
<tr><td>30#
36#
46#</td><td>630～500
500～400
400～315</td><td>内圆、外圆、平面、无心和刀具刃磨等的一般磨削</td><td>W28
W20
W14
W10
W7</td><td>28～20
20～14
14～10
10～7
7～5</td><td>精磨、超精磨、超精加工制造研磨剂</td></tr>
<tr><td>60#
70#
80#</td><td>315～250
250～200
200～160</td><td>内圆、外圆、平面、无心和刀具刃磨等的一般磨削，金刚石砂轮用于粗磨、半精磨。</td><td rowspan="2">W5
W3.5
W2.5
W1.5
W1
W0.5</td><td rowspan="2">5～3.5
3.5～2.5
2.5～1.5
1.5～1.0
1.0～0.5
≤0.5</td><td rowspan="2">超精加工、超精磨、镜面和制造研磨剂</td></tr>
<tr><td>100#
120#
150#</td><td>160～125
125～100
100～80</td><td>半精磨、精磨、成形磨、刀具刃磨、珩磨等</td></tr>
</table>

表 5-24 结合剂的性能和选用

结合剂	代号	性能	适用范围
陶瓷	V(A)	耐热、耐蚀、气孔率大、易保持廓形，弹性差	最常用，适用于各类磨削加工
树脂	B(S)	强度较 V 高，弹性好，耐热性差	适用于高速磨削、切断、开槽等
橡胶	R(X)	强度较 B 高，更富弹性，气孔率小，耐热性差	适用于切断、开槽及作无心磨导轮
金属	M(J)	常用青铜(Q)其强最高，导电性好，磨耗少，耐热性差	适用于金刚石砂轮

表 5-25 砂轮的硬度等级名称和代号

硬度等级		原代号	新代号
大级	小级		
超软	超软	CR	D、E、F
软	软 1	R_1	G
	软 2	R_2	H
	软 3	R_3	J
中软	中软 1	ZR_1	K
	中软 2	ZR_2	L
中	中 1	Z_1	M
	中 2	Z_2	N
中硬	中硬 1	ZY_1	P
	中硬 2	ZY_2	Q
	中硬 3	ZY_3	R
硬	硬 1	Y_1	S
	硬 2	Y_2	T
超硬	超硬	CY	Y

表 5-26　磨具硬度的选择原则

加工材料及方式	磨具硬度	加工材料及方式	磨具硬度
硬材料	较软	磨削导热性差(如难加工材料)	较软
软材料	较硬	精磨、精密磨削、超精磨削、成型磨	较硬
磨具与工件接触面积大	较软	镜面磨削、缓进给磨削	超软
端面磨削	较软	橡胶树脂等有机材料	软
内孔与薄壁工件	较软		

注:机械加工中常用砂轮硬度等级是 $H\sim N(R_2\sim Z_2)$,修磨钢坯及铸件时可用 $Q(ZY_2)$

表 5-27　砂轮的组织等级及选择

组织分类	紧密				中等				疏松						
组织代号	0	1	2	3	4	5	6	7	8	9	10	11	12	13	14
磨粒占砂轮体积(%)	62	60	58	56	54	52	50	48	46	44	42	40	38	36	34
适用范围	用于重压力下的磨削以及表面质量、精度要求较高的磨削;间断加工、成型磨削等				用于一般磨削和淬火钢加工;刀具刃磨、外圆磨削、砂轮圆周平面磨削				磨削热敏性强的材料或薄壁零件以及较韧的金属;砂轮端面平面和大接触面磨削以及压力较小的磨削						

常用砂轮形状代号及其用途见表 5-28。

表 5-28　常用砂轮的名称、代号(GB2484—84)及其用途

砂轮名称	代号	断面简图	基本用途
平形砂轮	P		根据不同尺寸,分别用于外圆磨、内圆磨、平面磨、无心磨、工具磨、螺纹磨和砂轮机上
双斜边砂轮	PSX		主要用于磨齿轮齿面和磨单线螺纹
双面凹砂轮	PSA		主要用于外圆磨削和刃磨刀具,还用作无心磨的磨轮和导轮
薄片砂轮	PB		主要用于切断和开槽

续表

砂轮名称	代号	断面简图	基本用途
筒形砂轮	N		用于立式平面磨床上
杯形砂轮	B		主要用端面刃磨刀具,也可用于导轨磨上磨机导轨
碗形砂轮	BW		通常用于刃磨刀具,也可用于导轨磨上磨机床导轨
碟形砂轮	D		适于磨铣刀、铰刀、拉刀等,大尺寸的一般用于磨齿轮的齿面

5.4.2 磨削用量的选择原则

磨削用量的选择原则是在保证工件表面质量的前提下尽量提高生产率。一般磨床的磨削速度 v 是固定不变的,所以不必选择。磨削用量的选择顺序是:先选较大的工件速度 v_w,再选轴向进给量 f_a,最后选径向进给量 f_r.

(1)工件速度 v_w 的选择

工件速度 v_w 对工件表面粗糙度影响较小,而且较高的 v_w 还可减轻磨削表面烧伤。但 v_w 太高往往会引起工艺系统振动。因此,v_w 的低限受磨削烧伤限制,高限受工艺系统振动的限制,v_w 的大小应有一定的范围。无论粗磨还是半精磨及精磨,v_w 都宜选高些。由于半精磨和精磨时磨削力较小,v_w 还可略高一些。工件直径越大,越不容易平衡,则 v_w 应当低些。

(2)轴向进给量 f_a 的选择

轴向进给量一般用砂轮宽度 B(mm)的百分比表示。f_a 主要影响工件表面粗糙度。随着对工件表面粗糙度要求的提高,f_a 的数值应当减小。

(3)径向进给量 f_r 的选择

径向进给量 f_r 对工件磨削表面层的质量影响较大,应综合考虑工件的表面粗糙度、加工余量、精度要求和工艺系统刚度来选择。加工要求越高、余量越小、工艺系统刚度越小,工件材料导热性越差,则 f_r 应越小。

第6章　常用工艺方法基本时间计算

基本时间是直接改变工件的尺寸、形状、相对位置等工艺过程所消耗的时间。基本时间是作业时间的主要组成部分，本章给出主要的机械加工工艺方法的基本时间计算方法。

T_j——基本时间(s)；

L——工作行程量(mm)；

l——被切削层长度(mm)；

l_1——切入量(切入长度)(mm)；

l_2——切出量(切出长度)(mm)；

V——切削速度(m/s)；

F——进给量(mm/r)；

α_p——切削深度(mm)；

n——机床转速(r/s)；

i——工作行程(走刀次数)；

X_r——刀具主偏角。

6.1　车削基本时间的计算

车削基本时间按表6-1进行计算。

表6-1　车削基本时间的计算

工序和简图	计算公式	说　明
车削外圆和镗孔 ①车削外圆(或镗孔)	$T_f=\frac{L}{f\cdot n}i=\frac{l+l_1+l_2+l_3}{f\cdot n}i$ $l_1=\frac{a}{\tan k_r}+(2\sim3)$ $l_2=3\sim5$	1. 当主偏角 $K_r=0$ 时 $l_1=0$ 2. 当加工到台阶面时 $l_2=0$

续表

工序和简图	计算公式	说　明
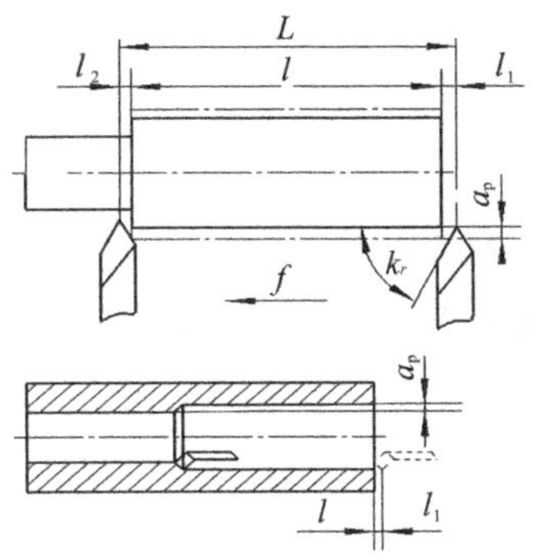	l_3 试切附加长度取 5-10	
车削端面、车槽、切断、车圆环的端面 车外圆 车端面 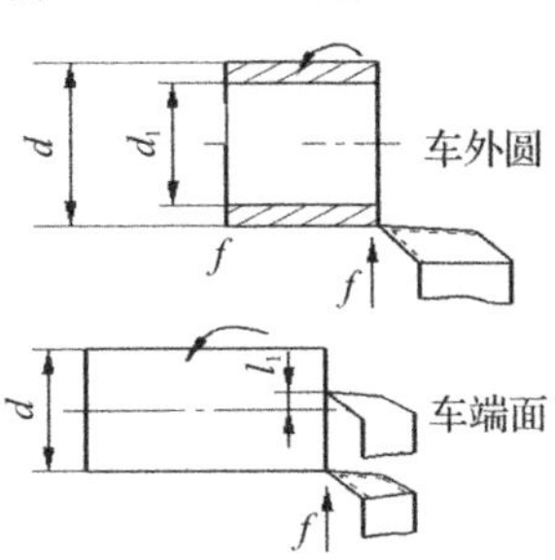	$T_j=\frac{L}{f\cdot n}i$ $L=\frac{d-d_1}{2}+l_1+l_2+l_3$ 车槽时间：$l_2=l_3=0$ 切断时间：$l_3=0$	1. d_1 为车圆环的内径或车槽后的直径。 2. 车削实体端面和切断时 $d_1=0$

6.2　铣削基本时间计算

铣削基本时间按表 6-2 进行计算。

表 6-2　铣削基本时间计算

工序和简图	计算公式	说　明
圆柱铣刀铣平面 圆盘铣刀铣槽 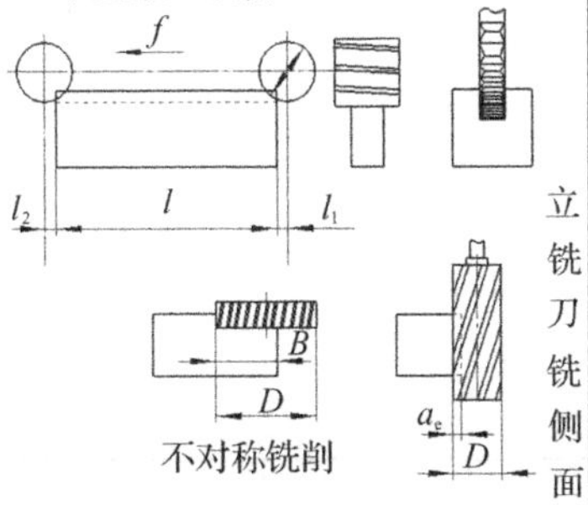 不对称铣削 立铣刀铣侧面	$T_j=\frac{L}{f_{MZ}i}=\frac{l+l_1+l_2}{f_{MZ}}i$ $l_1=\sqrt{a_p(D-a_p)}+(1\sim3)$ $l_2=2-5$	端铣刀不对称铣削和立铣刀加工工件侧面时，分别为 $l_1=\sqrt{B(D-B)}+(1\sim3)$ $l_1=\sqrt{a_p(D-a_p)}+(1\sim3)$

续表

工序和简图	计算公式	说　明
端铣刀平面 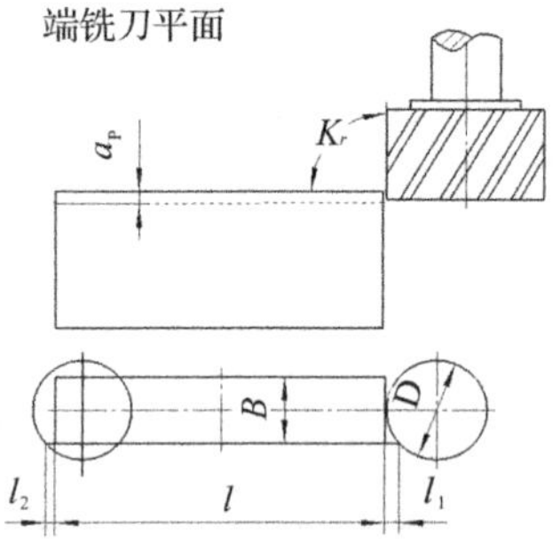 a_p　K_r B　D l_2　l　l_1	当主偏角 $K_r=90°$时 $l_1=0.5(D-\sqrt{D^2-B^2})+(1\sim3)$ $l_2=1\sim3$ 当主偏角 $k_r<90°$时 $l_1=0.5(D-\sqrt{D^2-B^2})+\frac{a_p}{\text{tg}k_r}+(1\sim2)$ $l_2=1\sim3$	当精铣时，切入长度 l_1 等于铣刀直径 D，切出长 l_2 为铣刀离开工件的距离 $l_2=1\sim3$
① 两端闭口的键槽 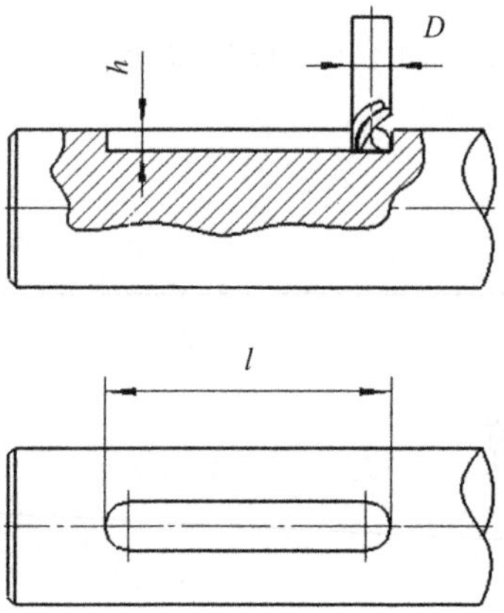 D　h　l	一次进给铣削 $T_j=\frac{h+l_1}{f_{MC}}+\frac{l-d}{f_{MZ}}(\text{min})$ $l_1=1\sim2$	
②一端闭口的键槽 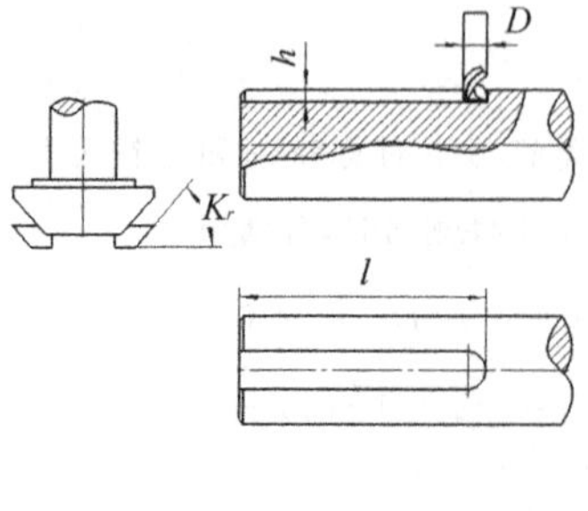 D　h　K_r　l	多次进给铣削 $T_J=\frac{l+D}{f_{MZ}}i$ $T_j=\frac{L}{f_{MZ}}i=\frac{l+l_1}{f_{MZ}}i$ $l_1=0.5D+(1\sim2)$	

Z_b——单面加工余量(mm)；

B_M——磨轮的宽度(mm)；

f_n——纵向进给量(mm/r)；

n——工件每分钟转数(r/min)；

f_t——单行程磨削深度进给量(mm/单行程)；

$f_{t双}$——双行程磨削深度进给量(mm/双行程)；

f_{tM}——切入法磨削进给量(mm/min)；

f_{to}——切入罚磨削深度进给量(mm/r)；

K——考虑加工终了时的无火花磨削以及为消除加工面宏观集合形状误差而进行局部修磨的系数。

6.3　磨削基本时间的计算

磨削基本时间按表 6-3 进行计算。

表 6-3　磨削基本时间的计算

工序和简图	计算公式	说　明
磨外圆 a) 纵进给磨外圆，磨轮横进给按工作台单行程计算。 b) 纵进给磨外圆，磨轮横进给按工作台一次往复行程进给计算。 (图：L、B、B/2 标注；a)、b)、c))	$T_j=\frac{L\cdot Z_b\cdot K}{n\cdot f_B\cdot f_t}$ $L=l$ $T_j=\frac{2L\cdot Z_b\cdot K}{n\cdot f_B\cdot f_{t双}}$ 磨削表面的一端带端面和圆角时 $L=l-\frac{B_M}{2}$ 磨削表面的两端都带端面和圆角时： $L=l-B_M$ K 值见表 6-4	L 为磨轮工作行程长度； l 为加工表面长度； n 为工件每分钟转数。

续表

工序和简图	计算公式	说明
磨内圆 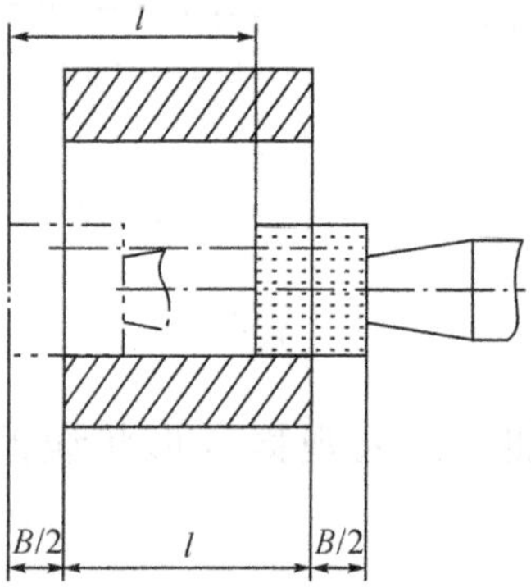	$T_j=\dfrac{2l\cdot z_b\cdot K}{n\cdot f_B\cdot f_{t双}}$ K 值见表 6-5	
磨平面： 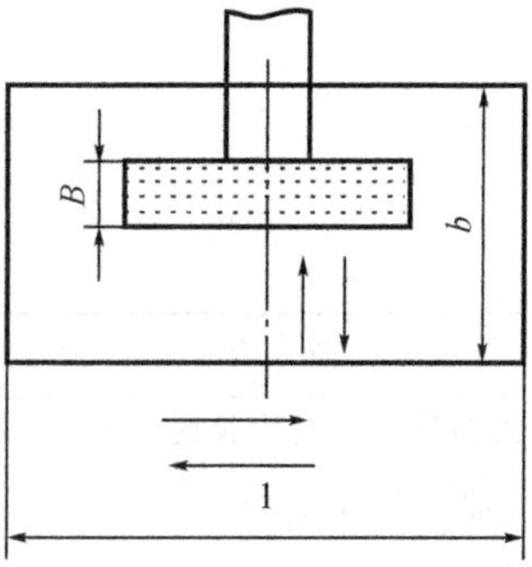	单行程进给 $T_j=\dfrac{L\cdot b\cdot z_b\cdot K}{1000v\cdot f_n\cdot f_t}$ 双行程进给 $T_j=\dfrac{2L\cdot bZ_b\cdot K}{1000v\cdot f_n\cdot f_{t双}\cdot z}$ $L=l+20$	v 为磨床工作台速度； z 为一次磨工件的数量。

表 6-4　外圆磨的系数 K

磨削方法	加工表面的形状	加工性质和表面粗糙度			
		粗磨	精磨(Ra)		
			0.63～1.25	0.32～0.63	0.16～0.32
纵磨	圆柱体	1.1	1.4	1.4	1.55
		1.1	1.0	1.0	—
切入磨	圆柱体带一个圆角	1.3	1.3	1.3	—
	圆柱体带两个圆角	1.65	1.65	1.65	—
	端面	—	1.4	1.4	—

表 6-5　内圆磨和平面磨的系数 K

磨削方法	磨削精度(mm)				
	≤0.1	0.10～0.07	0.07～0.05	0.05～0.03	0.03～0.02
内圆磨	1.1	1.25	1.4	1.7	2.0
平面磨	1.0	1.07	1.2	1.44	1.7

6.4　钻削的基本时间的计算

钻削的基本时间按表 6-4 进行计算。

表 6-6　钻削的基本时间的计算

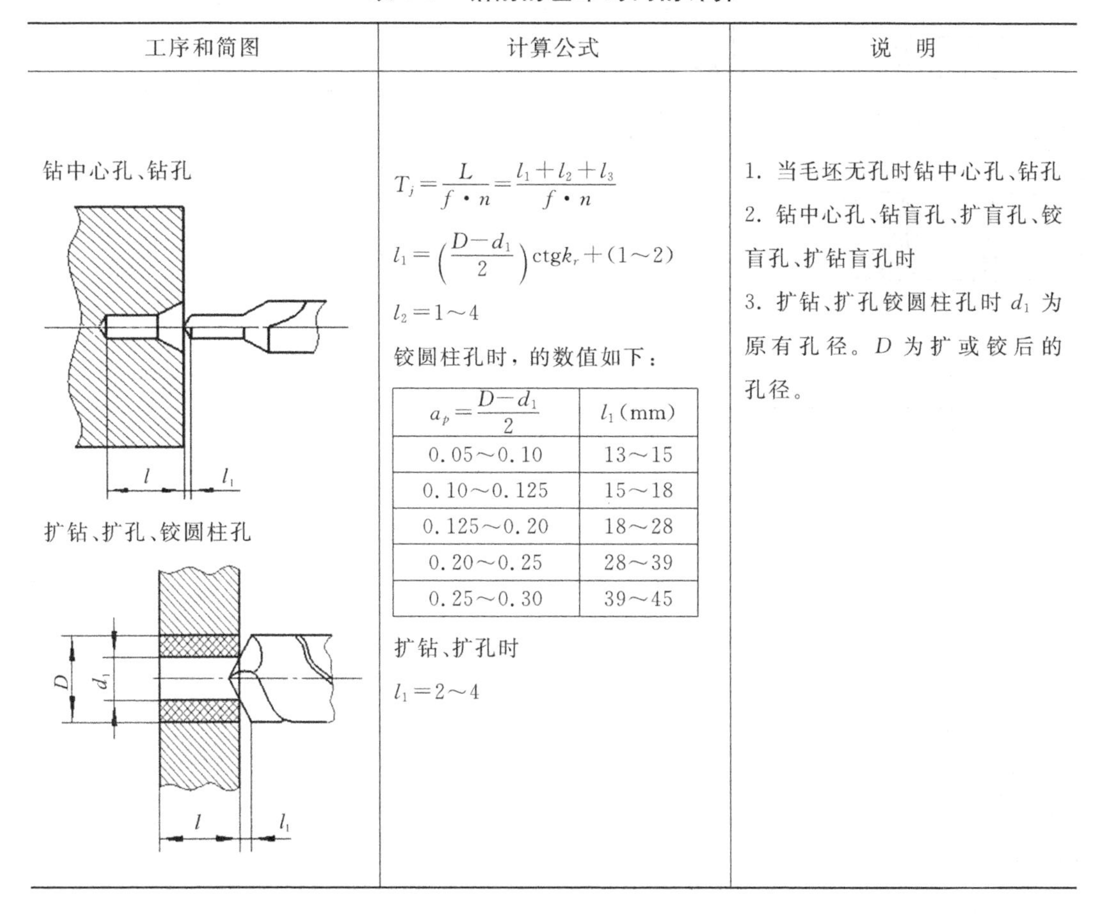

<table>
<tr><th>工序和简图</th><th>计算公式</th><th>说　明</th></tr>
<tr>
<td>钻中心孔、钻孔

扩钻、扩孔、铰圆柱孔</td>
<td>$T_j=\frac{L}{f\cdot n}=\frac{l_1+l_2+l_3}{f\cdot n}$
$l_1=\left(\frac{D-d_1}{2}\right)\text{ctg}k_r+(1\sim2)$
$l_2=1\sim4$
铰圆柱孔时，的数值如下：
<table>
<tr><th>$a_p=\frac{D-d_1}{2}$</th><th>l_1(mm)</th></tr>
<tr><td>0.05～0.10</td><td>13～15</td></tr>
<tr><td>0.10～0.125</td><td>15～18</td></tr>
<tr><td>0.125～0.20</td><td>18～28</td></tr>
<tr><td>0.20～0.25</td><td>28～39</td></tr>
<tr><td>0.25～0.30</td><td>39～45</td></tr>
</table>
扩钻、扩孔时
$l_1=2\sim4$</td>
<td>1. 当毛坯无孔时钻中心孔、钻孔
2. 钻中心孔、钻盲孔、扩盲孔、铰盲孔、扩钻盲孔时
3. 扩钻、扩孔铰圆柱孔时 d_1 为原有孔径。D 为扩或铰后的孔径。</td>
</tr>
</table>

续表

工序和简图	计算公式	说　明
锪倒角、锪埋头孔、锪凸起部 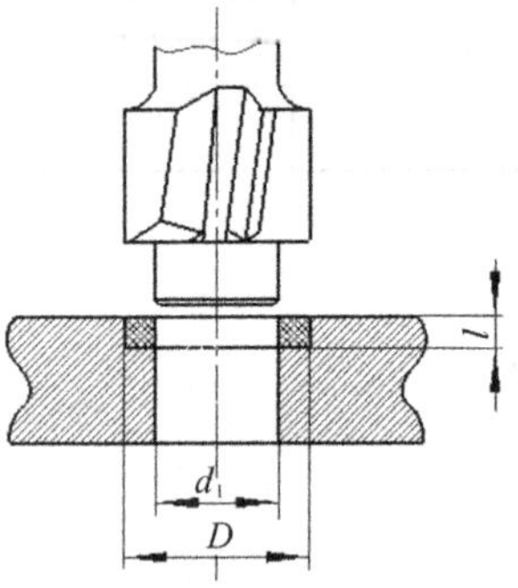 l d_1 D		4. 锪倒角、锪埋头孔、锪凸起部时 $l_1=1\sim2$ $l_2=0$
扩及铰圆锥孔 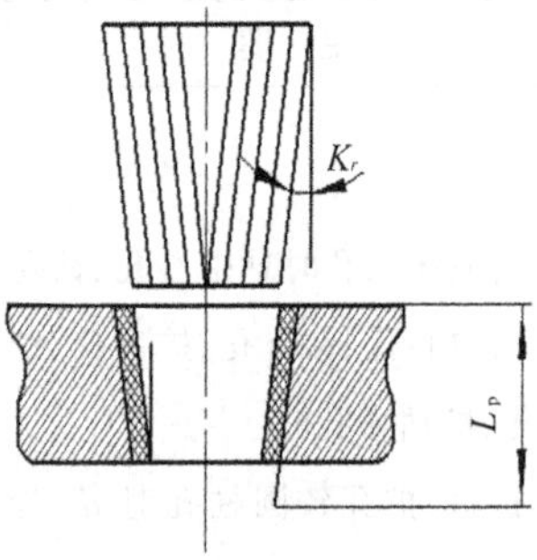 K_r L_p	$T_j=\frac{L}{f\cdot n}i=\frac{L_p+l_1}{f\cdot n}$ $l_1=1\sim2$ $L_p=\frac{D-d}{2\tan\chi_r}$	L_p—加工计算长度。 K_r—主偏角。 主偏角等于圆锥角之半 $K_r=\frac{\alpha}{2}$

第三篇　数控加工

第7章　数控加工工艺基础

7.1　数控加工对象

7.1.1　数控车削对象

车床车削的主运动是工件装夹在主轴上的旋转运动，配合刀具在平面内的运动可加工出的工件是回转体零件。回转体零件分为轴套类、轮盘类和其他类几种。轴套类和轮盘类零件的区分在于长径比，一般将长径比大于1的零件视为轴类零件；长径比小于1的零件视为轮盘类零件。

1. 轴套类零件

轴套类零件的长度大于直径，轴套类零件的加工表面大多是内、外圆周面。圆周面轮廓可以是与Z轴平行的直线，切削形成台阶轴，轴上可有螺纹和退刀槽等；也可以是斜线，切削形成锥面螺纹；还可以是圆弧或曲线(用参数方程编程)，切削形成曲面。

2. 轮盘类零件

轮盘类零件的直径大于长度，轮盘类零件的加工表面多是端面，端面的轮廓也可以是直线、斜线、圆弧、曲线和端面螺纹、锥面螺纹等。

3. 其他类零件

数控车床与普通车床一样，装上特殊卡盘就可以加工偏心轴或在箱体、板材上加工孔或圆柱。

7.1.2　数控铣削对象

数控铣削是机械加工中最常用和最主要的数控加工方法之一，它除了能铣削普通铣床所能铣削的各种零件表面外，还能铣削普通铣床不能铣削的需2～5坐标联动的各种平面轮廓和立体轮廓。根据数控铣床的特点，从铣削加工的角度来考虑，适合数控铣削的主要加工对象有三类。

1. 平面类零件

加工平行或垂直于水平面，或加工面与水平面的夹角为定角的零件为平面类零件。目前在数控铣床上加工的绝大多数零件属于平面类零件。平面类零件的特点是各个加工面是平面，或可以展开成平面。

2. 变斜角类零件

加工面与水平面的夹角呈连续变化的零件称为变斜角类零件。如飞机上的整体梁、框、缘条与肋等。此外还有检验夹具与装配型架等也属于变斜角类零件。

变斜角类零件的变斜角加工面不能展开为平面，但在加工中，加工面与铣刀圆周接触的瞬间为一条线。最好采用四坐标或五坐标数控铣床摆角加工，在没有上述机床时，可采用三坐标数控铣床，进行两轴半坐标近似加工。

3. 曲面类零件

加工面为空间曲面的零件称为曲面类零件，如模具、叶片、螺旋桨等。曲面类零件的加工面不能展开为平面，加工时，加工面与铣刀始终为点接触。加工曲面类零件一般采用三坐标数控铣床。当曲面较复杂、通道较狭窄、会伤及毗邻表面及需刀具摆动时，要采用四坐标或五坐标铣床。

7.1.3 加工中心的加工对象

针对加工中心的工艺特点，加工中心适宜于加工形状复杂、加工内容多、要求较高，需多种类型的普通机床和众多的工艺装备，且经多次装夹和调整才能完成加工的零件。主要加工对象有以下几种。

1. 既有平面又有孔的零件

加工中心具有自动换刀装置，在依次安装中，可以完成零件上平面的铣削，孔系的钻削、镗削、铰削、铣削及攻螺纹等多工步加工。加工的部位可以在一个平面上，也可以在不同的平面上。因此，既有平面又有孔系的零件是加工中心首选的加工对象，这类零件常见的有箱体类零件和盘、套、板类零件。

2. 结构形状复杂、普通机床难加工的零件

主要表面由复杂曲线、曲面组成的零件。加工时，需要多坐标联动加工，这在普通机床上难以甚至无法完成的，加工中心是加工这类零件的最有效的设备。最常见的典型零件有凸轮类、整体类叶轮、模具类。

3. 外形不规则的异型零件

异型零件是指支架、拨叉这一类外形不规则的零件。异型支架大多要点、线、面多工位混合加工。由于外形不规则，普通机床上只能采取工序分散的原则加工，需用工装较多，周期较长。

4. 加工精度较高的中小批量零件

针对加工中心的加工精度高、尺寸稳定的特点，对加工精度较高的中小批量零件，选择加工中心加工，容易获得所要求的尺寸精度和形状位置精度，并可得很好的互换性。

7.2　数控加工工艺分析

7.2.1　工艺分析

当采用数控机床对零件进行机械加工时，其工艺性分析在传统加工工艺性分析基础上应注意如下几方面：

(1)分析零件图样尺寸的标注方法是否适应数控加工的特点。通常零件图的尺寸标注方法都是要根据装配要求和零件的使用特性分散地从设计基准引注，这样的标注方法会给工序安排、坐标计算和数控加工增加许多麻烦。而数控加工零件图则要求从同基准引注尺寸或直接给出相应的坐标值(或坐标尺寸)，这样有利于编程和协调设计基准、工艺基准、测量基准与编程零点的设置和计算。

(2)分析零件图样标示构成零件轮廓的几何元素的条件是否充分。如果不充分，则：一是手工编程时无法计算基点或结点的坐标；二是自动编程时，无法对构成零件轮廓的几何元素进行定义。

(3)分析零件结构工艺性是否有利于数控加工。一是分析零件的外形、内腔是否可以采取统一的几何类型或尺寸，尽可能减少刀具数量和换刀次数；二是分析零件内槽圆角是否过小，不易保证加工质量，零件槽的底部圆角半径R是否过大，影响底部铣削。见图7-1数控加工工艺性对比。通常$R<0.2H$(H为被加工零件轮廓面的最大高度)时，可以判定零件的该部位工艺性不好。

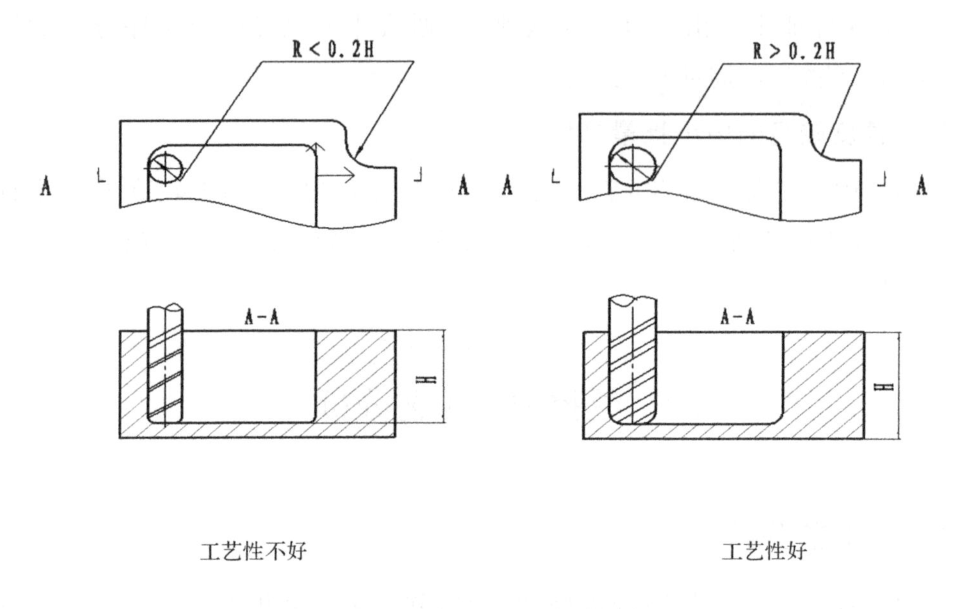

图 7.1　工艺性分析

7.2.2　定位和装夹

1. 定位基准的选择

在数控机床上加工零件时定位基准的选择要注意遵循：

(1)基准重合原则　即力求设计基准、工艺基准和编程基准统一，这样做可以减少基准不重合产生的误差和数控编程中的计算量，并且能有效地减少装夹次数。

(2)要保证零件经多次装夹后其加工表面之间相互位置的正确性。

(3)要满足加工中心工序集中的特点，即一次安装尽可能完成零件上较多表面的加工。

铣削零件时，定位基准最好是零件上已有的面或孔，若没有合适的面或孔，也可以专门设置工艺孔或工艺凸台等作为定位基准。

轴类零件的定位方式通常是一端外圆固定，即用三爪卡盘、四爪卡盘或弹簧套固定工件的外圆表面，但此定位方式对工件的悬伸长度有一定限制，工件悬伸过长会在切削过程中产生变形，严重时将使切削无法进行，对于切削长度过长的工件可以采取一夹一顶或两顶尖定位。在装夹方式允许的条件下，定位

面尽量选择几何精度较高的表面

2. 装夹

主要考虑以下几点：

(1)夹紧机构或其他元件不得影响进给，加工部位要敞开。

(2)必须保证最小的夹紧变形。

(3)装卸方便，辅助时间尽量短。

(4)对小型零件或工序时间不长的零件，可以考虑在工作台上同时装夹几件进行加工，以提高加工效率。

7.3　数控加工工艺路线的确定

与通用机床加工工艺路线设计相比，数控加工工艺路线设计仅是对几道数控加工工序工艺过程的概括，而不是指从毛坯到成品的整个工艺过程。因此，数控加工工艺路线设计要与零件的整个工艺过程相协调，并注意以下问题。

7.3.1　工序的划分

在数控机床上加工零件，工序可以比较集中，在一次装夹中尽可能完成大部分或全部工序。首先应根据零件图样，考虑被加工零件是否可以在一台数控机床上完成整个零件的加工工作，若不能则应决定其中哪一部分在数控机床上加工，哪一部分在其他机床上加工以及它们之间的先后顺序，即对零件的加工工序进行划分。一般工序划分有以下几种方式：

1. 按零件装夹定位方式划分工序

由于每个零件结构形状不同，各表面的技术要求也有所不同，故加工时，其定位方式则各有差异。一般加工外形时，以内形定位；加工内形时又以外形定位。因而可根据定位方式的不同来划分工序。

2. 按粗、精加工划分工序

根据零件的加工精度、刚度和变形等因素来划分工序时，可按粗、精加工分开的原则来划分工序，即先粗加工再精加工。此时可用不同的机床或不同的刀具进行加工。通常在一次安装中，不允许将零件某一部分表面加工完毕后，再加工零件的其他表面。应先切除整个零件的大部分余量，再将其表面精车一遍，以保证加工精度和表面粗糙度的要求。

3. 按所用刀具划分工序

为了减少换刀次数，压缩空程时间，减少不必要的定位误差，可按刀具集中工序的方法加工零件，即在一次装夹中，尽可能用同一把刀具加工出可以加工的所有部位，然后再换另一把刀具加工其他部位。在专用数控机床和加工中心中常采用这种方法。

7.3.2 加工顺序的安排

加工顺序的安排应根据零件的结构和毛坯状况，以及定位与夹紧的需要来考虑，重点使工件的刚性不被破坏。顺序安排一般应按下列原则进行：

(1)上道工序的加工不能影响下道工序的定位与夹紧，中间穿插有通用机床加工工序的也要综合考虑。

(2)先进行内形、内腔加工工序，后进行外形加工工序。

(3)以相同定位、夹紧方式或同一把刀具加工的工序，最好连续进行，以减少重复定位次数、换刀次数与重复装夹次数。

(4)在同一次装夹中进行的多道工序，应先安排对工件刚性破坏较小的工序。

在加工中心上加工零件，一般都有很多个工步，使用多把刀具，因此加工顺序安排得是否合理，直接影响到加工精度、加工效率、刀具数量和经济效益。在安排加工顺序时同样要遵循“基面先行”、“先粗后精”及“先面后孔”的一般工艺原则。此外还应考虑：

①减少换刀次数，节省辅助时间。一般情况下每换一把新刀具后，应通过移动坐标，回转工作台等方法将由该刀具切削的所有表面全部完成。

②每道工序尽量减少刀具的空行程移动量，按最短路线安排加工表面的加工顺序。

7.3.3 数控加工工序与普通工序的衔接

数控加工工序前后一般都穿插有其他普通工序，如衔接得不好，就容易产生矛盾。解决的最好办法是相互建立状态要求。如：要不要留加工余量，留多少；定位面与孔的精度要求及形位公差；对毛坯的热处理要求等。

7.3.4 走刀路线的确定

在数控加工中，刀具刀位点相对于工件运动的轨迹称为走刀路线。编程时，走刀路线的确定原则主要有以下几点：

(1)加工路线应保证被加工零件的精度和表面粗糙度，且效率要高。

(2)使数值计算简单，以减少编程工作量。

(3)应使加工路线最短，这样既可减少程序段，又可减少走空刀时间。

此外，确定走刀路线时，还要考虑工件的加工余量和机床、刀具的刚度等情况，确定是一次走刀还是多次走刀来完成加工。

零件加工的走刀路线是刀具在整个加工工序中的运动轨迹，它不但包括了工步的内容，也反映出工步顺序，是编程的主要依据之一。因此，在确定走刀路线时最好画出一张工序简图，可以将已经拟定出的走刀路线画上去(包括切入、切出路线)，这样可以方便编程。

(1)对点位加工的数控机床，如钻、镗床，要考虑尽可能缩短走刀路线，以减少空程时间，提高加工效率。

(2)为保证工件轮廓表面加工后的粗糙度要求，最终轮廓应安排最后一次走刀连续加工。

(3)刀具的进退刀路线须认真考虑，要尽量避免在轮廓处停刀或垂直切入切出工件，以免留下刀痕(切削力发生突然变化而造成弹性变形)。在车削和铣削零件时，应尽量避免如图 7.2(a)所示的径向切入或切出，而应按如图 7.2(b)所示的切向切入或切出，这样加工后的表面粗糙度较好。

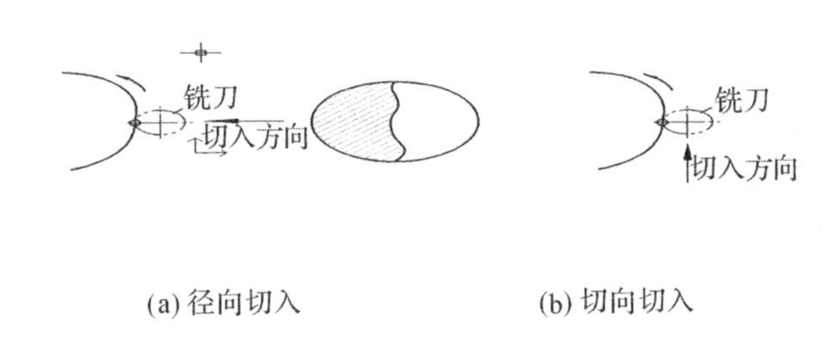

图 7.2　刀具的进刀路线

(4)铣削轮廓的加工路线要合理选择，一般采用图 7.3 所示的三种方式进行。图 7.3(a)为 Z 字形双方向走刀方式，图 7.3(b)为单方向走刀方式，图 7.3(c)为环形走刀方式。

在铣削封闭的凹轮廓时，刀具的切入或切出不允许外延，最好选在两面的交界处，否则，会产生刀痕。为保证表面质量，最好选择图 7.4 中的 b 和 c 所示

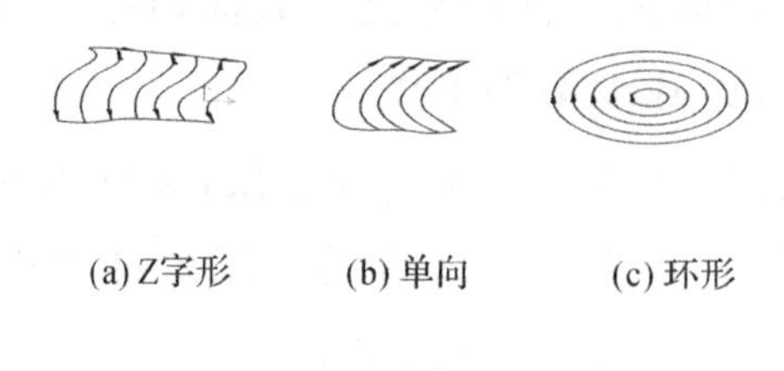

(a) Z字形　(b) 单向　(c) 环形

图 7.3　轮廓加工的走刀路线

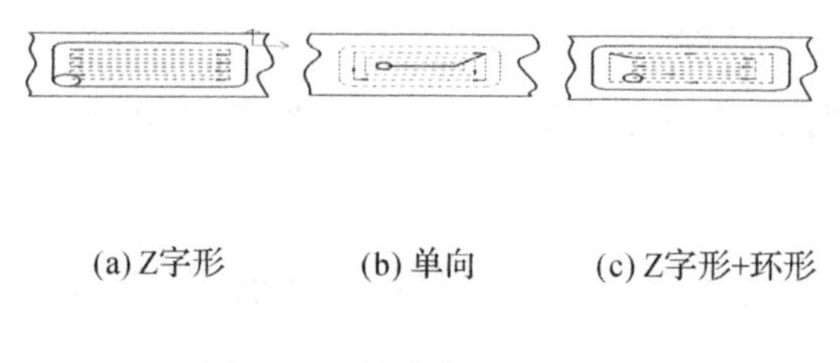

(a) Z字形　(b) 单向　(c) Z字形+环形

图 7.4　轮廓加工的走刀路线

的走刀路线。

铣削加工分顺铣和逆铣，铣刀的旋转方向与工件进给方向相同时的铣削叫顺铣，如图 7.5(a)所示；铣刀的旋转方向与工件进给方向相反时的铣削叫逆铣，如图 7.5(b)所示。在铣削加工中，一般情况下采用顺铣。

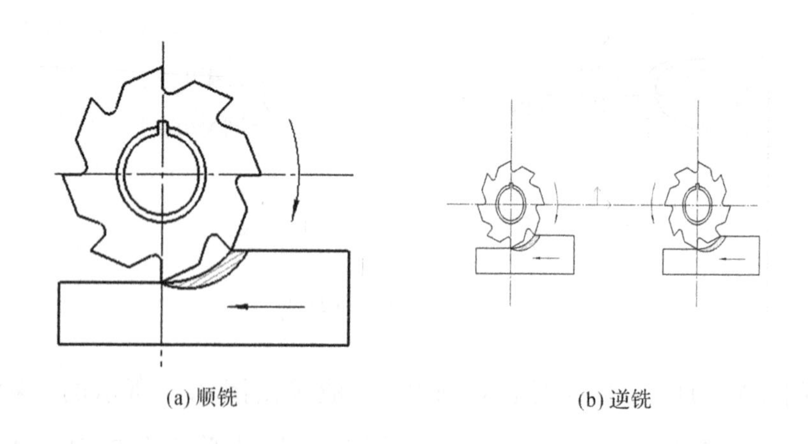

(a) 顺铣　(b) 逆铣

图 7.5　顺铣与逆铣

(5)旋转类零件的加工一般采用数控车或数控磨床加工，由于车削零件的毛坯多为棒料或锻件，加工余量大且不均匀，因此合理制定粗加工时的加工路线，对于编程至关重要。

数控车削加工过程一般要经过循环切除余量、粗加工和精加工三道工序。应根据毛坯类型和工件形状确立循环切除余量的方式，以达到减少循环走刀次数、提高加工效率的目的。

①轴套类零件

轴套类零件安排走刀路线的原则是轴向走刀、径向进刀，循环切除余量的循环终点在粗加工起点附近，这样可以减少走刀次数，避免不必要的走空刀，节省加工时间。

②轮盘类零件

轮盘类零件安排走刀路线的原则是径向走刀、轴向进刀，循环去除余量的循环终点在粗加工起点。编制轮盘类零件的加工程序时，与轴套类零件相反，是从大直径端开始顺序向前。

③铸锻件

铸锻件毛坯形状与加工后零件形状相似，留有一定的加工余量。循环去除余量的方式是刀具轨迹按工件轮廓线运动，逐渐逼近图纸尺寸。这种方法实质上是采用"零点漂移"的方式。

7.4　刀具的选择

与普通机床加工方法相比，数控加工对刀具提出了更高的要求，不仅需要刚性好，精度高，而且要求尺寸稳定，耐用度高，断屑性能好；同时要求安装调整方便，以满足数控机床高效率的要求。数控机床上所选用的刀具常采用适应高速切削的刀具材料（如高速钢、超细粒度硬质合金），并使用可转位刀片。

7.4.1　车刀的选择

1. 车削用刀具及其选择

数控车削常用的车刀一般分为尖形车刀、圆弧形车刀以及成型车刀三类。

(1)尖形车刀。它是以直线形切削刃为特征的车刀。这类尖形车刀的刀尖由直线形的主副切削刃构成，如90°内外车刀，左右端面车刀、车槽（切断）车刀及刀尖倒棱很小的各种外圆和内孔车刀，如图7.6(a)。

尖形车刀几何参数（主要是几何角度）的选择方法与普通车削时基本相同，

但应适合数控加工的特点(如加工路线,加工干涉等)进行全面的考虑,并应兼顾刀尖本身的强度。

(2)圆弧形车刀。它是以一圆度或线轮廓度误差很小的圆弧形切削刃为特征的车刀。该车刀圆弧刃每一点都是圆弧形车刀的刀尖,因此,刀位点不在圆弧上,而在该圆弧的圆心上,如图 7.6(b)。

圆弧形车刀可以用于车削内外表面,特别适合于车削各种光滑连接(凹形)的成形面。选择车刀圆弧半径时应考虑两点:一是车刀切削刃的圆弧半径应小于或等于零件凹形轮廓上的最小曲率半径,以免发生加工干涉;二是该半径不宜选择太小,否则不但制造困难,还会因刀具强度太弱或刀体散热能力差导致车刀损坏。

(3)成型车刀。它也称样板车刀,其加工零件的轮廓形状完全由车刀刀刃的形状和尺寸决定。数控车削加工中,常见的成型车刀有小半径圆弧车刀、槽刀和螺纹刀等。数控加工中,应尽量少用或不用成型车刀,如图 7.6(c)。

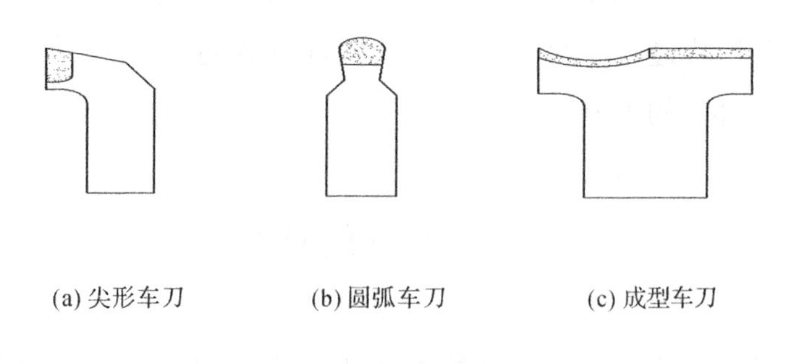

(a) 尖形车刀　(b) 圆弧车刀　(c) 成型车刀

图 7.6　车刀类型

2. 标准化刀具

目前,数控机床上大多使用系列化,标准化刀具,对可转位机夹外圆车刀,端面车刀等的刀柄和刀头都有国家标准及系列化型号。

对所选择的刀具,在使用前都需对刀具尺寸进行严格的测量以获得精确资料,并由操作者将这些数据输入数控系统,经程序调用而完成加工过程,从而加工出合格的工件。

刀具尤其是刀片的选择是保证质量提高生产效率的重要环节。零件材质的切削性能、毛坯余量、工件的尺寸精度和表面粗糙度、机床的自动化程序等都是选择刀片的重要依据。

数控车床能兼作粗、精车削,因此粗车时,要选强度高、耐用度好的刀具,以便满足车削时大背吃刀量、大进给量的要求。

精车时，要选精度高、耐用度好的刀具，以保证加工精度的要求。此外，为减少换刀时间和方便对刀，应尽可能采用机夹刀和机夹刀片。夹紧刀片的方式要选择得合理，刀片最好选择涂层硬质合金刀片。目前，数控车床用得最普遍的是硬质合金刀具和高速钢刀具两种。

刀片的选择是根据零件的材料种类、硬度以及加工表面粗糙度要求和加工余量的已知条件来决定刀片的几何结构（如刀尖圆角）、进给量、切削速度和刀片牌号。具体选择时可参考切削用量手册。

7.4.2 铣刀的选择

1. 铣刀的种类

(1)面铣刀

如图7-7所示，面铣刀的圆周表面和端面上都有切削刃，端部切削刃为副切削刃。面铣刀多制成套式镶齿结构，刀齿材料为高速钢或硬质合金，刀体为40Cr。

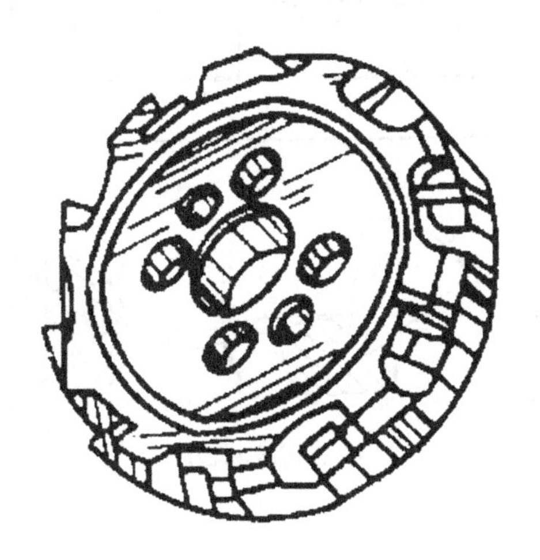

图7.7 端面铣刀

高速钢面铣刀按国家标准规定，直径 $d=80\sim250$mm，螺旋角 $\beta=10°$，刀齿数 $Z=10\sim26$。

硬质合金面铣刀与高速钢铣刀相比，铣削速度较高、加工效率高、加工表面质量也较好，并可加工带有硬皮和淬硬层的工件，故得到广泛应用。硬质合金面铣刀按刀片和刀齿安装方式的不同，可分为整体焊接式、机夹-焊接式和可转位式三种。

(2)立铣刀

立铣刀是数控机床上用得最多的一种铣刀,其结构如图 7.8 所示。立铣刀的圆柱表面和端面上都有切削刃,它们可同时进行切削,也可单独进行切削。

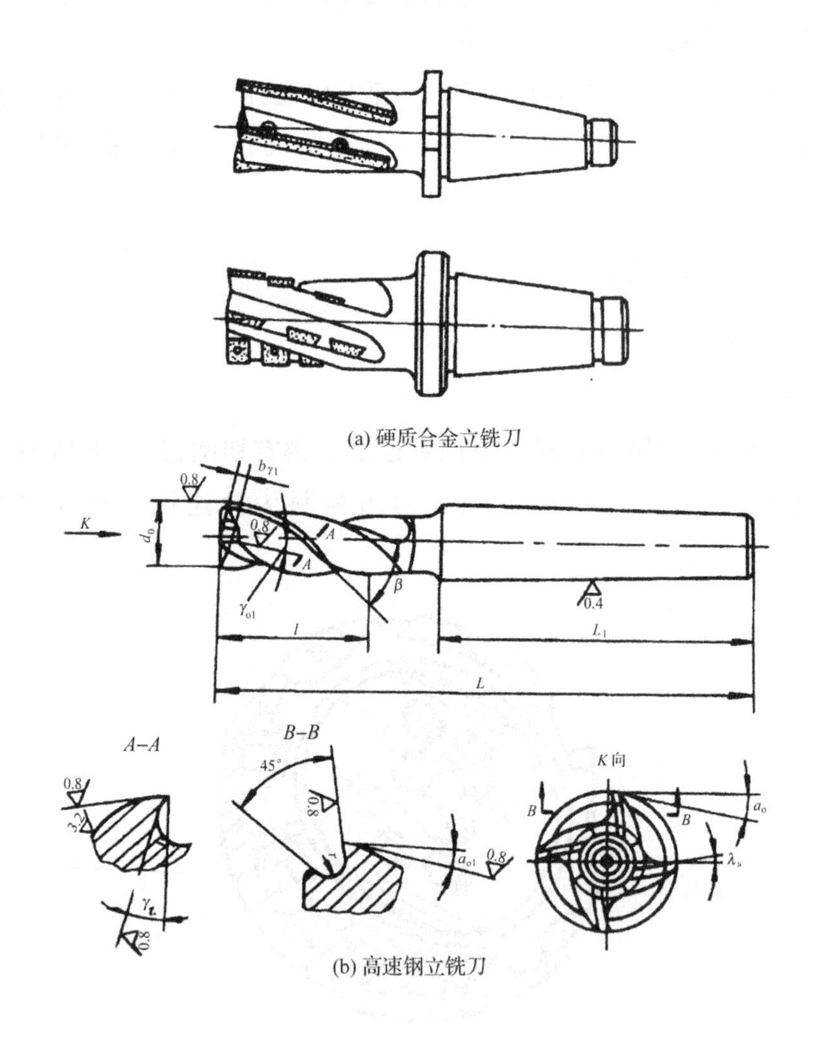

图 7.8 立铣刀

立铣刀圆柱表面的切削刃为主切削刃,端面上的切削刃为副切削刃。主切削刃一般为螺旋齿,这样可以增加切削平稳性,提高加工精度。由于普通立铣刀端面中心处无切削刃,所以立铣刀不能作轴向进给,端面刃主要用来加工与侧面相垂直的底平面。

为了能加工较深的沟槽,并保证有足够的备磨量,立铣刀的轴向长度一般较长。

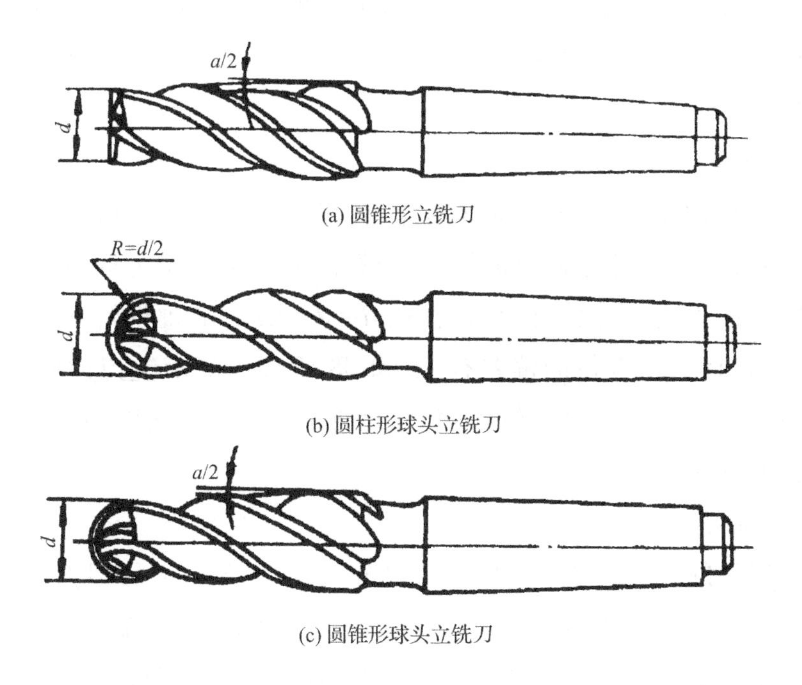

(a) 圆锥形立铣刀

(b) 圆柱形球头立铣刀

(c) 圆锥形球头立铣刀

图 7.9　立铣刀的球头类型

为了改善切屑卷曲情况，增大容屑空间，防止切屑堵塞，刀齿数比较少，容屑槽圆弧半径则较大。一般粗齿立铣刀齿数 Z＝3～4，细齿立铣刀齿数 Z＝5～8，套式结构 Z＝10～20，容屑槽圆弧半径 r＝2～5mm。当立铣刀直径较大时，还可制成不等齿距结构，以增强抗振作用，使切削过程平稳。

标准立铣刀的螺旋角 β 为 40°～45°（粗齿）和 30°～35°（细齿），套式结构立铣刀的 β 为 15°～25°。

直径较小的立铣刀，一般制成带柄形式。Φ2～Φ71mm 的立铣刀制成直柄；Φ6～Φ63mm 的立铣刀制成莫氏锥柄；Φ25～Φ80mm 的立铣刀做成 7∶24 锥柄，内有螺孔用来拉紧刀具。但是由于数控机床要求铣刀能快速自动装卸，故立铣刀柄部形式也有很大不同，一般是由专业厂家按照一定的规范设计制造成统一形式、统一尺寸的刀柄。直径为 Φ40～Φ160 的立铣刀可做成套式结构。

（3）模具铣刀

模具铣刀由立铣刀发展而成，可分为圆锥形立铣刀（圆锥半角 $\alpha/2$＝3°，5°，7°，10°）、圆柱形球头立铣刀和圆锥形球头立铣刀三种，其柄部有直柄、削平型直柄和莫氏锥柄。它的结构特点是球头或端面上布满切削刃，圆周刃与球头刃圆弧连接，可以作径向和轴向进给。铣刀工作部分高速钢或硬质合金制造。国家标准规定直径 $d=4\sim63$mm。图 7-9 所示为用硬质合金的模具铣刀。小规格的硬质合金模具铣刀多制成整体结构，ϕ16mm 以上直径的，制成焊接或机夹可转位刀片结构。

(4)键槽铣刀

键槽铣刀有两个刀齿，圆柱面和端面都有切削刃，端面刃延至中心，既像立铣刀，又像钻头。加工时先轴向进给达到槽深，然后沿键槽方向铣出键槽全长。

按国家标准规定，直柄键槽铣刀直径 $d=2\sim22$mm，锥柄键槽铣刀直径 $d=14\sim50$mm。键槽铣刀直径的偏差有 e8 和 d8 两种。键槽铣刀的圆周切削刃仅在靠近端面的一小段长度内发生磨损，重磨时，只需刃磨端面切削刃，因此重磨后铣刀直径不变。

(5)鼓形铣刀

是一种典型的鼓形铣刀，它的切削刃分布在半径为 R 的圆弧面上，端面无切削刃。加工时控制刀具上下位置，相应改变刀刃的切削部位，可以在工件上切出从负到正的不同斜角。R 越小，鼓形刀所能加工的斜角范围越广，但所获得的表面质量也越差。这种刀具的缺点是刃磨困难，切削条件差，而且不适合加工有底的轮廓表面。

(6)成型铣刀

一般都是为特定的工件或加工内容专门设计制造的，如角度面、凹槽、特形孔或台等。

除了上述几种类型的铣刀外，数控铣床也可使用各种通用铣刀。但因不少数控铣床的主轴内有特殊的拉刀位置，或因主轴内锥孔有别，须配制过渡套和拉钉。

2. 铣刀的选择

铣刀的选择见表 7-1。

表 7-1　铣削加工部位及所使用铣刀的类型

序号	加工部位	可使用铣刀类型	序号	加工部位	可使用铣刀类型
1	平面	机夹可转位平面铣刀	9	较大曲面	多刀片机夹可转位球头铣刀
2	带倒角的开敞槽	机夹可转位倒角平面铣刀	10	大曲面	机夹可转位圆刀片面铣刀
3	T 型槽	机夹可转位 T 型槽铣刀	11	倒角	机夹可转位倒角铣刀
4	带圆角开敞深槽	加长柄机夹可转位圆刀片铣刀	12	型腔	机夹可转位圆刀片立铣刀
5	一般曲面	整体硬质合金球头铣刀	13	外形粗加工	机夹可转位玉米铣刀
6	较深曲面	加长整体硬质合金球头铣刀	14	台阶平面	机夹可转位直角平面铣刀
7	曲面	多刀片机夹可转位球头铣刀	15	直角腔槽	机夹可转位立铣刀
8	曲面	单刀片机夹可转位铣刀			

7.5　切削用量的选择

数控编程时，编程人员必须确定每道工序的切削用量，并以指令的形式写入程序中。

切削用量包括主轴转速、背吃刀量及进给速度等。对于不同的加工方法，需要选用不同的切削用量。切削用量的选择原则是：保证零件加工精度和表面粗糙度，充分发挥刀具切削性能，保证合理的刀具耐用度并充分发挥机床的性能，最大限度地提高生产效率，降低成本。

7.5.1　主轴转速的确定

主轴转速应根据允许的切削速度和工件(或刀具)的直径来选择。

其计算公式为：

$$n=1000\ \frac{v}{\pi d}$$

式中 V 为切削速度，单位为 m/min，由刀具材料的耐用度决定；

n 为主轴转速，单位为 r/min；

d 为工件直径或刀具直径，单位为 mm；

计算的主轴转速 n 最后要根据机床说明书选取机床有的或较接近的转速。

7.5.2 进给速度的确定

进给速度(f)是数控机床切削用量中的重要参数，主要根据零件的加工精度和表面粗糙度要求以及刀具、工件的材料性质选取。最大进给速度受机床刚度和进给系统的性能限制。

在轮廓加工中，在接近拐角处应适当降低进给量，以克服由于惯性或工艺系统变形在轮廓拐角出造成“超程”或“欠程”现象。

确定进给速度的原则如下：

(1)当工件的质量要求能够得到保证时，为提高生产效率，可选择较高的进给速度。一般在 100～200mm/min 范围内选取。

(2)在切断、加工深孔或用高速刚刀具加工时，宜选择较低的进给速度，一般在 20～50mm/min 范围内选取。

(3)当加工精度，表面粗糙度要求高时，进给速度应选小些，一般在 20～50mm/min 范围内选取。

(4)刀具空行程时，特别是远距离“回零”时，可以选择该机床数控系统给定的最高进给速度。

7.5.3 背吃刀量

背吃刀量(a_p)根据机床、工件和刀具的刚度来决定，在刚度允许的条件下，应尽可能使背吃刀量等于工件的加工余量，这样可以减少走刀次数，提高生产效率。为了保证加工表面质量，可留少量精加工余量，一般留 0.2～0.5mm。

7.5.4 数控车、数控铣切削用量参考表

数控车、数控铣切削用量参考表 7-2、表 7-3。

表 7-2　数控车削用量推荐表

工件材料	工件条件	切削深度 /mm	切削速度 /(m·min^{-1})	进给量 /(mm·r^{-1})	刀具材料
碳素钢 600MP	粗加工	5～7	60～80	0.2～0.4	YT 类
	粗加工	2～3	80～120	0.2～0.4	
	精加工	0.2～0.3	120～150	0.1～0.2	
	钻中心孔		500～800		W18CrV
	钻孔		～30	0.1～0.2	
	切断(宽度<5mm)		70～110	0.1～0.2	YT 类
铸铁 HBS200 以下	粗加工		50～70	0.2～0.4	YG 类
	精加工		70～100	0.1～0.2	
	切断(宽度<5mm)		50～70	0.1～0.2	

表 7-3　铣削切削参数表

	切削速度 v /(m·min^{-1})	主轴转数 s /(r·min^{-1})	每齿进给量 f/(mm)	进给量 F /(mm·min^{-1})
5	35	2200	0.035	150
6	35	1850	0.04	150
8	35	1400	0.055	155
10	35	1100	0.06	130
12	35	900	0.06	110
16	35	700	0.08	110
20	35	550	0.1	110
25	35	450	0.1	90
30	35	350	0.1	70

7.6　《数控加工工艺卡片》的基本内容

根据上述工艺内容确定的数控加工工艺参数可填写《数控加工工艺卡片》;《数控加工工艺卡片》在内容上完全与《机械加工工艺过程综合卡片》的内容相同,具体详细的内容见表 3-1 所示。随着数控技术的发展,有些零件在整个生产过程中只需一种数控机床和不同的量具与刀具等工艺装备。在这种情况下,《数控加工工艺卡片》相比较《机械加工工艺过程综合卡片》在格式与内容的表

现形式上略有不同。常见的《数控加工工艺卡片》见表7-4、7-5所示

表7-4 《数控加工工艺卡片》

<table>
<tr><td colspan="10">数控加工工艺卡</td></tr>
<tr><td>工种</td><td colspan="2"></td><td>图号</td><td></td><td colspan="2">单位</td><td></td><td>材料</td><td></td></tr>
<tr><td>机床编号</td><td></td><td>加工时间</td><td colspan="5"></td><td>审核</td><td></td></tr>
<tr><td>序号</td><td>工序名称及加工程序号</td><td colspan="4">工艺简图
（标明定位、装夹位置、主轴转速、对刀点、背吃刀量、进给速度和编程加工路线简图）</td><td colspan="2">工步序号及内容</td><td>选用刀具</td><td>备注</td></tr>
<tr><td rowspan="4"></td><td rowspan="4"></td><td colspan="4" rowspan="4"></td><td colspan="2"></td><td></td><td></td></tr>
<tr><td colspan="2"></td><td></td><td></td></tr>
<tr><td colspan="2"></td><td></td><td></td></tr>
<tr><td colspan="2"></td><td></td><td></td></tr>
</table>

表7-5 《数控加工刀具卡片》

<table>
<tr><td colspan="2">零件图号</td><td></td><td colspan="2" rowspan="2">数控加工刀具卡片</td><td colspan="2">使用设备</td><td colspan="2"></td></tr>
<tr><td colspan="2">刀具名称</td><td></td><td colspan="2">设备刀架规格</td><td colspan="2"></td></tr>
<tr><td colspan="3">刀具编号</td><td colspan="4">车刀参数</td><td rowspan="2">冷却液</td><td rowspan="2">备 注</td></tr>
<tr><td rowspan="3">刀具组成</td><td>序号</td><td>刀具补偿号</td><td>车刀种类</td><td>刀具角度</td><td colspan="2">刀杆规格</td></tr>
<tr><td></td><td></td><td></td><td></td><td colspan="2"></td><td></td><td></td></tr>
<tr><td></td><td></td><td></td><td></td><td colspan="2"></td><td></td><td></td></tr>
<tr><td>一号刀图样（草图）</td><td colspan="3"></td><td>二号刀图样（草图）</td><td colspan="3"></td><td></td></tr>
<tr><td>编制</td><td></td><td>审核</td><td></td><td>批准</td><td></td><td>共 页</td><td>第 页</td><td></td></tr>
</table>

第 8 章 数控编程基础知识

8.1 数控机床编程的方法和内容

与普通机床不同，数控机床的运行是在加工程序的控制下自动完成的，因此，首先要编制零件的加工程序，然后才能加工。

数控加工程序就是用于控制数控机床运行的指令的集合。这些指令包含加工零件所需的工艺过程、工艺参数（主轴转速、进给量）、刀具运动的轨迹（形状、方向和位移量）以及辅助动作（主轴启停、换刀、变速、冷却、夹紧、松开）等信息。

数控编程是数控加工程序编制的简称，一般是指通过分析、规划和计算，将零件加工的工艺过程、工艺参数、刀具运动的轨迹和其他辅助动作，按一定的顺序用数控机床规定的指令代码和程序格式编写加工程序，并通过校验试切得到合格加工程序的过程。简单的说，数控编程就是编写出加工程序的所需的指令代码，但要编制出一个好的数控加工程序，它一般应包括零件分析、工艺设计、数值计算、编写程序清单、制备控制介质及程序校验首件试切等工作。

根据编程过程中所使用的手段不同，数控编程方法可分为手工编程、计算机辅助编程以及在线编程等。

手工编程是指编程过程全部或主要工作为人工完成的编程方法。

计算机辅助编程也称为自动编程，是利用计算机和专用软件大量替代人的劳动，从而提高编程效率和质量的一种编程方法。

在线编程是利用数控机床本身的数控系统所提供的交互式编程工具通过机床的操作面板进行的一种编程方法。

8.1.1 手工编程

编程过程全部或主要工作为人工完成的编程方法称为手工编程。图 8-1 所示为手工编程的一般工作过程。

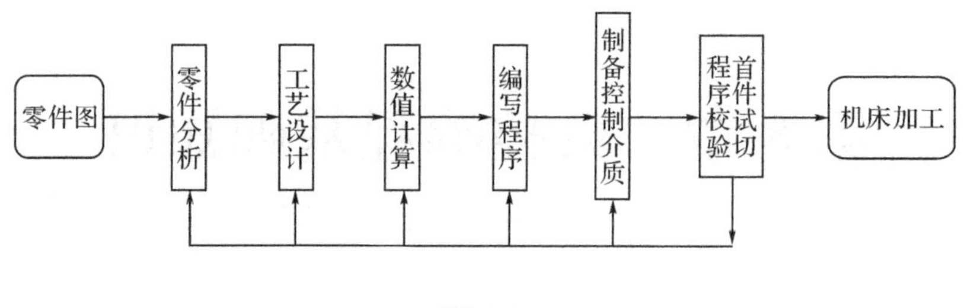

图 8-1

1. 零件分析

分析零件图纸,明确图纸上标明的零件的材料、形状、尺寸、精度和热处理等要求,确定零件是否适合在数控机床上加工,哪些表面适合在数控机床上加工以及适合在哪种数控机床上加工,并明确加工的内容和要求。

2. 工艺设计

即确定加工工艺过程。通过对零件图样的全面分析,确定零件加工方法、加工步骤、加工刀具、装夹方案、编程原点、加工路线、切削用量等。

3. 数值计算

根据零件的形状尺寸和所确定的加工路线,计算加工程序中需要的与刀具轨迹有关的坐标、尺寸以及数控机床需要输入的其他数据等。如直线的端点坐标,圆弧的起点、终点、圆心坐标,圆弧的半径尺寸,用直线或圆弧逼近非圆曲线时的节点坐标,主轴的转速,进给量等。

4. 编写程序

根据已计算出的刀具运动轨迹的坐标值和确定的工艺参数、加工顺序、刀号以及辅助动作,按照数控系统规定的指令代码和格式,逐段编写零件加工程序。

5. 制备控制介质

编写程序是产生程序的内容,但它也必须被记录在纸、磁盘或其他介质上。只有可以被数控机床读取并记录有程序内容的特定介质才是控制介质。若编写程序时,记录程序内容的介质可以被数控机床读取,则可以省略此过程,否则应制备控制介质。

早期的数控机床所使用的控制介质主要是穿孔纸带,也有用磁带的。随着数控系统越来越多地融入通用计算机的技术,尤其是当数控机床与计算机实现联网后,所有计算机用于记录信息的载体都可以作为数控机床的控制介质,如硬盘、光盘等。

6. 程序校验与首件试切

数控加工程序必须保证完全正确的情况下才能用于生产加工。

程序被输入数控机床后，数控系统首先会自动对指令代码、程序格式的正误，数据是否完整和矛盾进行自检。自检通过的程序并不一定就是正确的程序。自检不能通过的程序，机床不会去执行并会有出错提示。而通过了自检但不正确的程序更加危险，因为，一个错误而又可以被执行的程序若控制了机床的运行，后果可能是零件报废，严重的甚至是损坏机床。因此，加工程序必须要进行严格的程序校验，对于批量生产或价值较高的零件还应进行首件试切。

程序校验可以利用数控机床空运行来进行，即不安装工件毛坯的情况下运行程序，检查机床运动轨迹和动作的正确性。有时，也可以用笔代替刀具在坐标纸上画出图形的方法检查机床运动轨迹的正确性。某些数控机床还可以利用其数控系统所提供的图形仿真功能模拟刀具相对工件的运动来校验程序，这种方法更加简便，但一般只有高档的数控机床才具有此功能。利用专业的仿真软件也可以实现程序的校验，并且这类软件还提供有如程序优化等更高级的功能，某些软件甚至可以仿真出零件的加工误差和表面质量，从而减少和避免首件试切检查。

一般的程序校验只能检验机床的运动轨迹和动作是否正确，不能检查出因刀具调整、编程计算等产生的加工误差。首件试切是为了进一步检查程序和刀具造成的加工误差而对首个零件进行的试切削，常采用较便宜且易切削的材料代替正式的毛坯进行加工。

对于形状不太复杂、计算比较简单、程序段不多的零件，手工编程比较容易实现，且经济及时。因此在点位加工和只由直线和圆弧组成的轮廓加工中，手工编程仍广泛采用。但对于编程工作量大，以及几何形状复杂的零件，特别是具有非圆曲线、列表曲线和曲面的零件，由于编程时的数值计算工作相当繁琐，工作量大，容易出错，程序的校验困难，因此，手工编程难以或无法完成。为了缩短生产周期，提高数控机床的利用率，有效解决复杂零件的加工问题，应当使用计算机辅助编程。但对于数控编程人员来说，手工编程是基础，数控机床指令的熟练掌握和运用、零件加工工艺方法的选择、工艺参数的确定等使用计算机辅助编程时的许多核心经验都来自手工编程。而且，只有通过手工编程才能真正熟悉数控系统的指令，并且灵活运用。

8.1.2 计算机编程

计算机编程,是指在数控加工程序的编制过程中的使用了计算机的数控编程。计算机编程不仅可以大大减轻编程人员的劳动量,减少程序产生错误的机会,还可以加快编程速度,提高编程的计算精度,甚至可以编制出手工编程无法实现的复杂零件的加工程序。根据所使用的软件不同,计算机编程又可以分为APT(Automatically Programmed Tools)系统编程和CAD/CAM(Computer Aided Design/Computer Aided Manufacturing)系统编程。

1. APT 系统编程

要实现 APT 语言编程,数控语言、编译程序、通用计算机三者缺一不可。

"数控语言"是一套规定好的基本符号和由基本符号描述零件加工程序的规则。

编译程序也称数控编译软件,包含三部分功能,即译码、计算和后置处理。

使用数控语言编写的程序称为零件源程序。该程序包含加工零件的形状、尺寸、刀具动作、切削条件、机床的辅助动作等项内容。

使用 APT 语言系统产生数控加工程序的过程是:编程人员根据零件图和工艺要求,用编程语言编写零件加工的源程序,源程序被计算机内的编译程序进行译码、计算和后置处理后,自动生成数控加工程序,如图 8-2 所示。

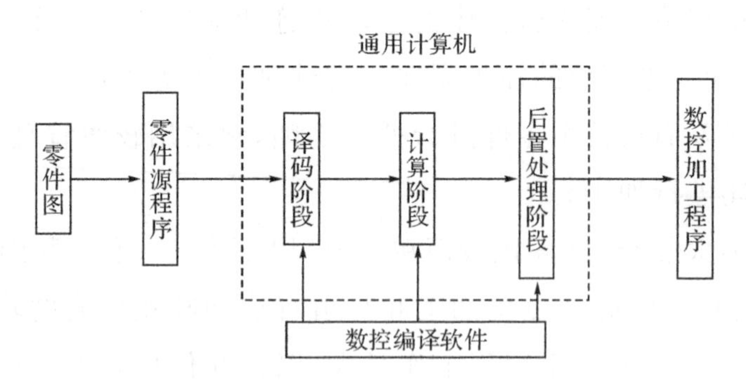

图 8-2

APT 系统编程的特点是:可靠性高(可自动诊断错误);通用性好(有针对不同数控系统的后置处理程序);能描述数控公式;产生程序快。

APT 系统的缺点是只能处理几何形状的信息,而对于加工顺序、切削用量等工艺信息的处理能力不强;虽然 APT 语言与英语的语法结构相类似,但用语句描述几何形状不能直接被看到,仍十分抽象;另外 APT 系统大而全,对一般用户来说使用不便。正因为如此，APT 系统编程正逐渐被 CAD/CAM 系统编程所取代。

2. CAD/CAM 系统编程

借助 CAD/CAM 软件进行的数控编程，虽然在后置处理阶段与 APT 语言相似，但在功能和使用上与 APT 系统产生了本质的不同。使用 CAD/CAM 系统编程的一般过程是：在进行零件分析和工艺分析的基础上，利用软件的 CAD 功能将零件的几何图形绘制成可视的数字模型，再利用软件 CAM 功能确定零件的加工部位、加工方法、刀具类型及尺寸、切削用量等工艺信息，并由计算机自动地计算出刀具的运动轨迹，通过仿真切削检验刀具轨迹的正确性，最后经后置处理便可得到零件的数控加工程序。图 8-3 为 CAD/CAM 系统数控编程过程的示意图。

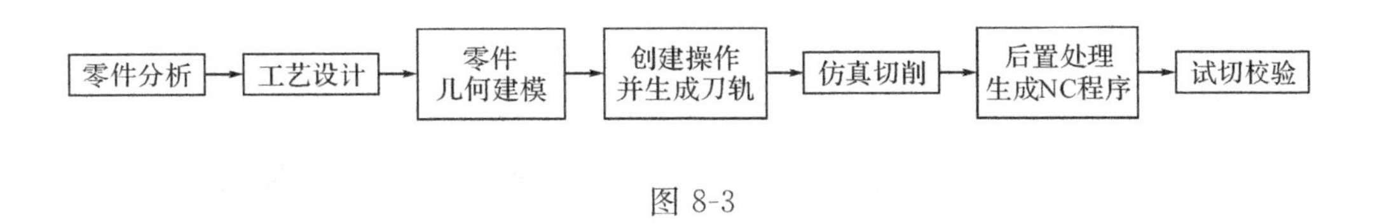

图 8-3

(1)零件分析与工艺设计。

与手工编程基本相同，但多了以下两点：

① 几何建模分析，根据零件的几何特点和所使用的软件，分析应使用何种数字模型和对哪些几何对象进行建模。

② 刀具轨迹生成方法分析，根据零件的结构特征和所使用的软件，分析采用何种刀具轨迹的生成方法，更有利于生成合理、高效的刀具轨迹。

(2)零件几何建模。

利用软件的 CAD 功能，创建零件几何的数字模型称为零件的几何建模。常用的数字模型有线框模型、曲面模型、实体模型。对于要进行平面轮廓加工即两轴加工的零件，采用线框模型就可以了；对于具有空间曲面的零件，应进行曲面模型建模；而对于结构复杂的零件，最好采用实体模型建模。目前，许多零件的设计是在 CAD 系统下完成的，零件设计时就生成了数字模型，在数控编程阶段可以直接使用这些模型，而不必由编程人员重新创建。这样，不仅提高了工作效率，更避免了重新建模过程中可能的错误，使编程人员只专注于解决工艺和编程问题。

(3)创建操作。

CAM 软件中的一个“操作”是指为生成某一条刀具路径而做的各种选择和参数输入的集合，一般包括选择加工方法、指定加工对象、输入加工参数等内容。创建操作的目的就是向系统输入产生刀具路径所需的几何参数和工艺参数，这一过程一般由编程人员完成。某些软件中的某些参数还可以由系统自动判断或由专门的数据库提供支持，如可以根据工件和刀具的材料，以及加工精度要求，自动产生最佳的切削用量参数。

操作创建好后，由计算机自动根据所提供的参数进行计算，从而产生刀具路径。产生的刀具路径数据可以保存在当前文件内部，被称为内部刀具路径，也可以单独保存为另一种格式的文件，被称为外部刀具路径或刀具路径文件。大多数刀具路径文件采用 APT 语言格式，它的内容与格式不受机床结构、数控机床控制系统类型的影响。不同的 CAD/CAM 软件生成的刀具路径文件的格式均有所不同。

(4)仿真切削。

在将刀具路径转化为数控加工程序之前，一般都要对刀具路径进行仿真，以验证其正确性。目前，大多数 CAD/CAM 软件都提供有对刀具路径进行三维动态仿真切削的功能，有的还具有过切检查、干涉检查等功能，从而帮助编程人员修改刀具路径中的错误。

还可以将外部刀具路径文件输入专门的数控加工仿真软件进行仿真和编辑。这类软件一般提供有更强大的仿真功能，如美国 CGTECH 公司的 VERICUT 软件，不仅可以仿真工件被刀具切削的过程，还可以仿真夹具、工件台和整个机床的运行过程，对加工出的“零件”还可以进行尺寸测量。

(5)后置处理。

刀具路径文件不是由 NC 指令组成的数控程序，后置处理就是将刀具路径文件转化为数控机床可以识别的数控加工程序过程。由于数控机床的控制系统各不相同，相同的动作可能会有不同的描述指令或描述格式，因此将刀具路径文件转化为数控加工程序还必须使用不同的机床信息文件。

CAD/CAM 系统编程的特点：CAD/CAM 系统使用可视化的数字模型来描述零件的几何形状，这比起 APT 系统中用抽象的语句描述几何形状更加形象、直观，易于理解；具有完善的线框、曲面和实体造型功能；具有多种类型的刀具轨迹生成功能；对生成的刀具路径可以进行三维实体仿真模拟；后置处理功能丰富或包含有生成机床信息文件的功能。

目前，在我国常用的CAD/CAM软件主要有：UG、Pro-E、I-DEAS、CATIA、Surfcam、Cimatron、MasterCAM、CAXA。

其中MasterCAM软件是美国CNC Software公司开发的最早以个人计算机为硬件平台的CAD/CAM一体化软件，与其他大型CAD/CAM软件相比对硬件要求低，功能更实用，该软件侧重于数控加工，对编制中等复杂程度零件的数控加工程序效率较高，在数控加工领域占有重要地位。

CAXA是一款国产CAD/CAM软件，由北航海尔软件有限公司开发。该软件代表了我国CAD/CAM领域的先进水平，其功能已达到或超过国外同档次软件。近几年，随着软件功能的不断完善和提高，市场占有率逐渐扩大，并被选为我国数控编程员认证考试指定软件。

8.2　数控编程中的基本术语

8.2.1　刀位点

刀具本身是一个实体，包括有无数个点，一般只能用一个点来代表刀具的位置，这个点就是刀位点。根据所确定的位置不同，刀位点可以被称为“刀尖”或“刀心”。刀具运行时刀位点的轨迹也就是刀具轨迹或刀具路径。图8-4为几种常见刀具通常情况下的刀位点。

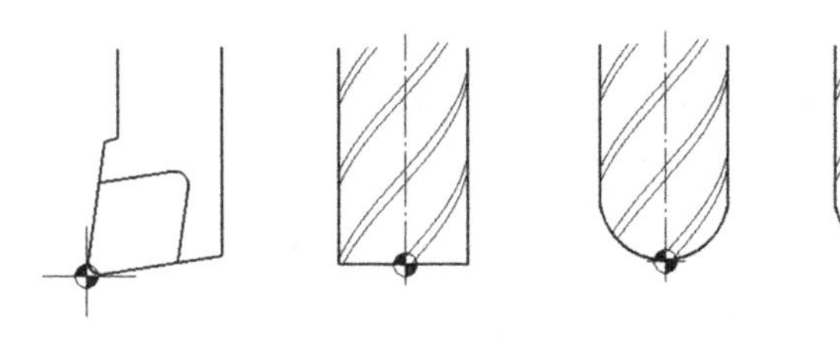

图8-4

也可能存在同一把刀具有两个或多个刀位点的情况，每一个刀位点都可对应一组刀具长度补偿值并存储在数控系统内。在程序运行过程中，同一时刻只能有一个刀位点起作用，也就是只能有一组刀具长度补偿值被调用。如图8-5所示，数控车床中的切槽刀，其左侧刀尖或右侧刀尖都可以是刀位点。若在加工左侧环槽时应使用左侧刀尖，加工右侧环槽时应使用右侧刀尖，侧可以避免刀宽对两侧尺寸5的影响，从而减少误差。

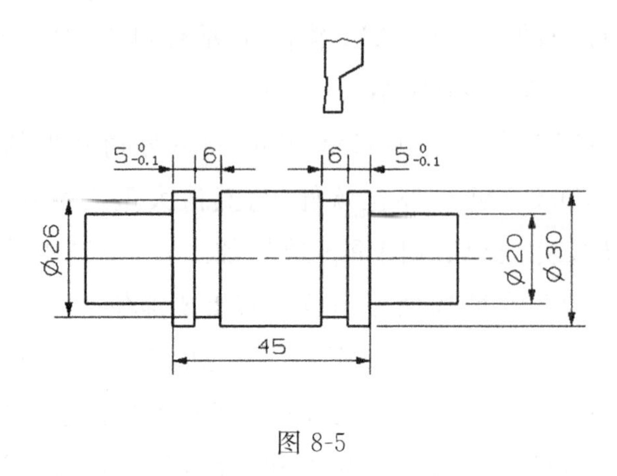

图 8-5

8.2.2 编程坐标系和编程零点

根据加工工艺和数控编程的要求,以工件图纸为依据确立的坐标系称为编程坐标系。编程坐标系使得编程人员在编程时不必知道工件的机床中的实际位置,而可以根据编程坐标系来编制零件的数控加工程序。数控程序中刀具运动轨迹的坐标值大多情况下就是刀具上刀位点在编程坐标系中的坐标值。

编程坐标系坐标轴方向的确定,是以工件或夹具为依据建立的,一般与大的平面、回转结构的轴线相平行或垂直。编程零点(即编程坐标系的零点)的选择原则为:

(1)尽量选在工程图样的尺寸基准上;

(2)有利于减少计算工作量;

(3)便于工件的安装、测量、找正和对刀;

(4)尽量选在尺寸精度较高、粗糙度较低的表面上;

(5)对于有对称形状的零件,最好选在对称中心上。

如数控车床的加工程序一般将编程零点选在工件轴线与左端面或右端面的交点处;数控铣床上加工矩形零件时,一般将编程零点选在上表面的一个角点上,若零件对称则最好选在上表面的对称中心处,若零件上存在大的回转结构或零件本身就是回转类零件,则编程零点应选在回转轴线与上表面的交点上。

8.2.3 工件坐标系与工件零点

工件坐标系是工件在机床上安装好以后,通过找正、对刀所确立的坐标系。工件坐标系的坐标轴方向一般与机床坐标系的坐标轴方向相同,工件零点(即工件坐标系的零点)的理论位置与编程零点相同。

因为工件坐标系与编程坐标系在理论上应该相同，习惯上两者常不作区分。但编程坐标系是在零件图纸上确定的，而工件坐标系只有将工件在机床上安装好，并通过找正、对刀将零点偏置值、刀具补偿值等参数输入数控系统以后才能建立，因此，两者是不同的。

刀具轨迹的理论位置由编程坐标系确定，而程序运行时，刀具轨迹的实际位置由工件坐标系决定。工件坐标系与编程坐标系不重合，将会产生加工误差或加工余量的变化。图 8-6 为数控铣加工矩形零件上的凸台时，工件坐标系与编程坐标系不重合产生的误差示意图。

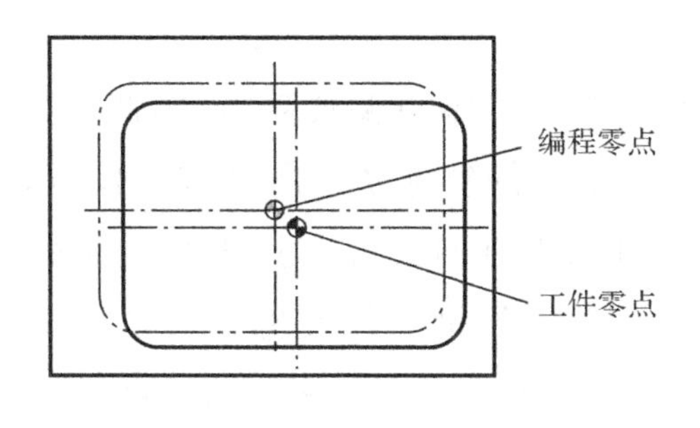

图 8-6

建立工件坐标系的工作是由数控机床的操作人员完成的。这一过程也被称为对刀。所谓对刀，就是为确定工件坐标系所进行的找正、试切、测量等操作的总称，其实现方法有两种：对刀点法和零点偏置法。

对刀点法主要用于早期的没有零点偏置功能的数控机床。其方法是，在程序被运行之前，将刀具刀位点准确地停在对刀点处，对刀点在工件坐标系中的坐标已在程序的开始位置指定，程序运行后，数控系统通过对刀点与工件原点的相对位置确定工件坐标系。这种方法要求程序运行的起始点必须为对刀点，因此在用此方法对刀的过程中，对刀点也被称为起刀点。在程序结束时刀具一般也必须返回对刀点，以便于下一个零件的加工。

对刀点法对数控机床的硬件和软件系统的要求不高，因此在某些早期的数控机床，尤其是简易数控机床，只能使用此种方法。由于这种方法较为简单，适宜单件加工加工时采用。而对刀点法的缺点也是显而易见的：工件原点不能保存；批量加工时需频繁对刀；刀具更换时必须重新对刀。

图 8-7 是用对刀点法建立工件坐标系的示意图。图中 A、B 两尺寸在程序的开始处指定，例如，若 A＝50，B＝20，可写为：

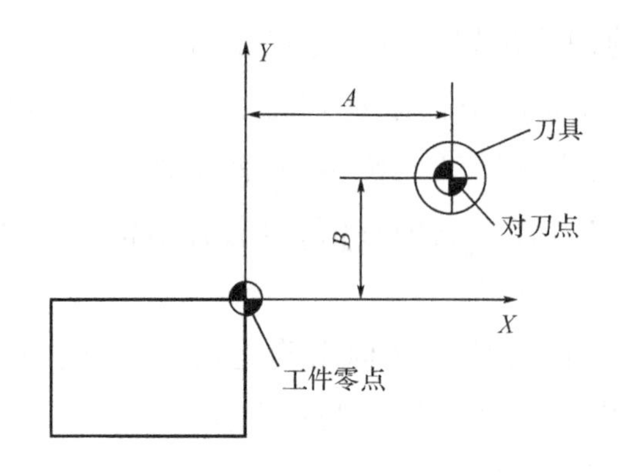

图 8-7

G92 X50 Y20

目前大多数数控机床都具有零点偏置功能，因此，对于大多数的数控机床，主要采用零点偏置法来确定工件坐标系。所谓零点偏置，是指将工件坐标系看作是机床坐标系整体由机床零点向工件零点平移得到的。由机床零点指向工件零点和矢量被称为零点偏移矢量。其实现方法是将工件坐标系的原点在机床坐标系内的坐标值(即偏移矢量在各坐标轴上的分量)输入数控系统的指定寄存器中，在程序中不出现关于工件零点的具体参数，只用一个指令去调用即可。

图 8-8 所示为数控铣床的工件坐标系与机床坐标系关系示意图。

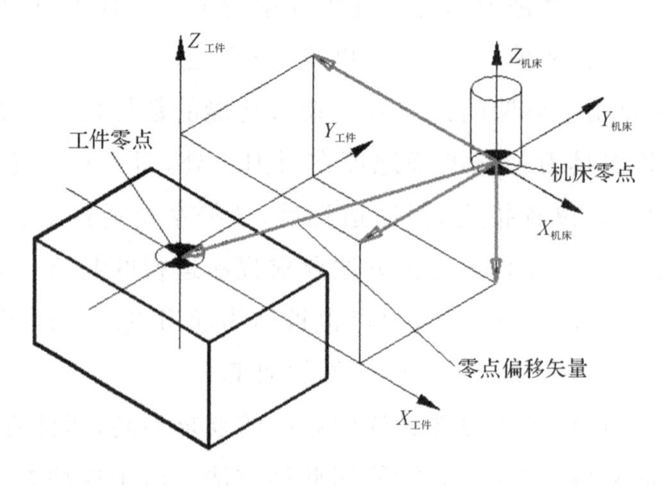

图 8-8

使用零点偏置法确定工件坐标系有以下优点：

(1)工件坐标系的设定参数可以被数控系统保存，减少了对刀次数；

(2)设定和调整工件坐标系简单方便，只用修改对应参数即可；

(3)可以同时保存多组工件坐标系参数,使得同一台机床上可实现多工位加工;

(4)刀具的起始位置与工件零点的位置无关,可以更灵活地选择刀具起始点。

对于某些高级的数控系统,还可以输入工件坐标系坐标轴相对于机床坐标系的转角,即允许工件坐标系相对于机床坐标系倾斜,使得建立工件坐标系的工作更加灵活方便。

8.2.4　刀架参考点与刀长

数控机床往往使用多把刀具加工同一个零件,各刀具的长度尺寸和在刀架中的位置往往各不相同。目前大多数数控系统都具有根据刀具的长度参数自动调节的功能,称为刀具长度补偿功能。

在刀架上用于确定刀具长度的起点叫做刀架参考点。刀位点与刀架参考点间沿坐标轴的距离就是刀长(或刀具长度补偿值)。图 8-9 中的 a 图和 b 图分别为车刀和铣刀的刀架参考点与刀长示意图。

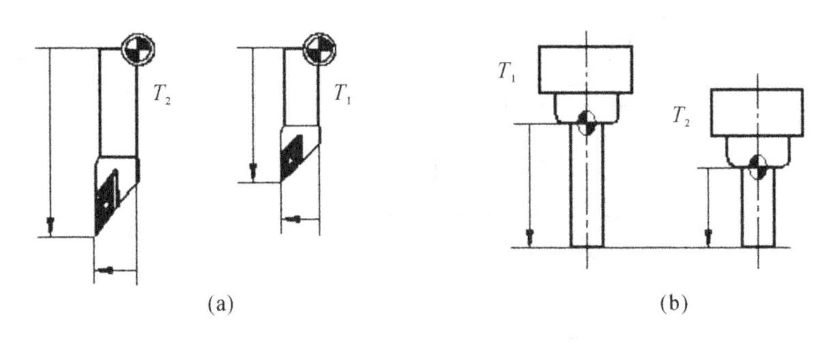

图 8-9

刀架参考点可以是任意的,可以是首把刀具的刀位点,可以是刀架或刀柄上的固定点(使用对刀仪时),甚至可以是刀架外的某点,一般根据需要确定。在考虑了刀具长度补偿因素时,数控系统中的机床坐标系的坐标值对应的是刀架参考点在机床坐标系中的坐标值,因此,刀架参考点的位置不仅影响刀具长度补偿值,还会影响数控系统中机床参考坐标系的原点位置。

8.2.5　机床坐标系与机床参考坐标系

机床坐标系是设计和制造机床的基础,其坐标轴的方向和原点位置是固定的,不能随意改变。但对于数控系统来说,机床坐标系在设置工件坐标系和确定刀具长度补偿值的过程中仅起参考作用。为了与机床设计中的机床坐标系加以区别，将其称为机床参考坐标系。机床参考坐标系的坐标轴方向与机床坐标系的坐标轴方向是一致的，但机床参考坐标系的原点可以是浮动的。只是由于习惯，很多时候仍将机床参考坐标系称为机床坐标系。

下面以数控车床的 Z 轴方向为例，说明为什么机床坐标系原点可以是浮动的。如图 8-10 所示，工件和车刀均已安装好，刀架停在机床中的某一确切位置。此时，对应的机床坐标是一个确定的值，若工件坐标系和刀具长度补偿也被建立和调用，则工件坐标也是确定的。首先假定刀具长度是相对刀架参考点 A 测量的，则：

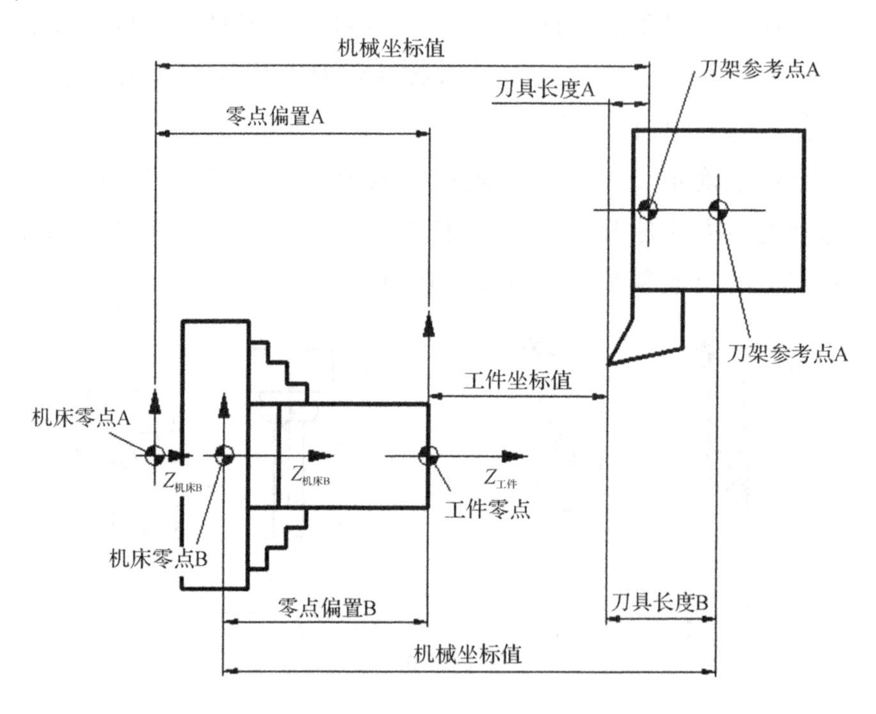

图 8-10

零点偏置 A＋工件坐标＋刀具长度 A＝机械坐标

假定刀具长度是相对刀架参考点 B 测量的，则：

零点偏置 B＋工件坐标＋刀具长度 B＝机械坐标

两式联立可得：

零点偏置 A＋刀具长度 A＝零点偏置 B＋刀具长度 B＝机械坐标－工件坐标

可见，工件零点的位置未产生改变的情况下，零点偏置也可以是不同的值，即机床零点是浮动的。而要保证刀具相对于工件坐标系处于正确位置的条件是，零点偏置值与刀具长度补偿值的代数和等于机械坐标值与工件坐标值的代数差。

数控车床的 X 轴方向和数控铣床的 Z 轴方向也可进行刀具长度补偿，因此，车床 X 坐标轴的零点和铣床的 Z 坐标轴零点也可以是浮动的。数控车床通常都是将 X 方向的零偏值设为零，而将机械坐标值与工件坐标值的差值全部作为 X 方向的刀具长度补偿值输入数控系统。数控铣床的 X 和 Y 坐标轴一般不需要长度补偿，因此对于数控铣床的 XY 坐标，其机床零点是固定的。

8.2.6　绝对坐标与增量坐标

编程时表示刀具运动位置的坐标值通常有两种形式，一种是绝对坐标，另一种是增量（相对）坐标。绝对坐标是指刀具的位置坐标值都是以固定的坐标原点（当前坐标系原点）为基准计算的，此坐标系称为绝对坐标系。增量坐标是指刀具的位置坐标值都是相对于前一位置计算的相当于坐标原点总是在平行移动，此坐标系称为增量坐标系。增量坐标值的正负与运动方向有关，其坐标值相当于是由前一点指向后一点的矢量在各坐标轴上的分量，其分量的方向若与坐标轴正向相同则坐标值为正，相反则为负。

如图 8-11 所示，A 点的绝对坐标值为 $XA=20$，$YA=15$，B 点的绝对坐标值为 $XB=50$，$YB=25$。若是由 A 点运动到 B 点，用增量坐标表示 B 点的相对坐标为 $X'B=30$，$Y'B=10$；若是由 B 点运动到 A 点，用增量坐标表示 A 点的相对坐标则为 $X'A=-30$，$Y'A=-10$。

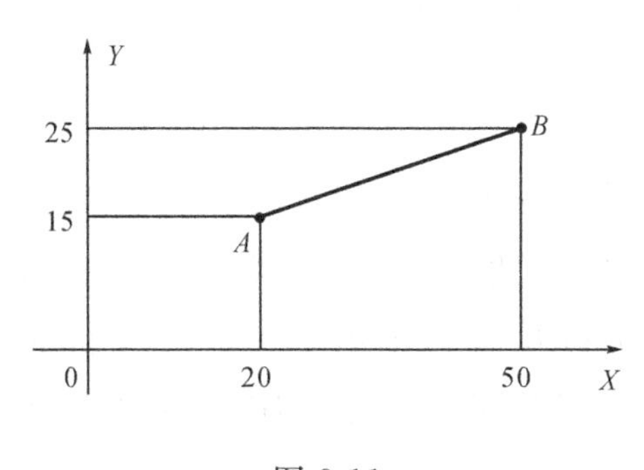

图 8-11

8.2.7　最小设定单位

最小设定单位可分为最小输入增量和最小移动增量。

最小输入增量是数控系统可以接受的数控程序中的最小刀具移动尺寸的

单位。例如，若数控机床的最小输入增量是 0.001mm，则为该数控机床编写的程序中的尺寸数据只能精确到小数点后三位。最小输入增量由机床所采用的数控装置决定。当尺寸数据小数点后的位数超出最小输入增量所允许的位数时，应四舍五入。

最小移动增量是数控机床依照指令所能产生的最小刀具移动的尺寸单位。例如，若数控机床的最小移动增量是 0.01mm，则即使最小输入增量为 0.001mm，机床所能产生的最小位移也只能是 0.001mm。可见数控机床的最高加工精度是由机床的最小移动增量决定的。最小移动增量的大小取决于机床伺服驱动系统等执行机构的精度。

最小输入增量必须大于或等于最小移动增量，大多数机床将二者设计成相同的值。

对于采用步进电机的开环数控机床，最小移动增量也被称为脉冲当量，脉冲当量的定义为数控系统每发出一个指令脉冲，机床移动所移动的距离。

8.3 数控编程中常见的数值计算

8.3.1 基点坐标的计算

一个零件的轮廓曲线常常由不同的几何元素组成，如直线、圆弧、二次曲线等。各几何元素间的连接点称为基点，如两直线的交点、直线与圆弧的交点或切点、圆弧与圆弧的交点或切点等等。两个相邻的基点间只能有一个几何元素。

平面零件轮廓大多由直线和圆弧组成，而现代大多数数控机床的数控系统都具有直线插补和圆弧插补功能，所以平面零件轮廓曲线的基点计算比较简单，大多数基点的坐标可以从零件图纸上直接或进行简单的加减运算就能得到。其他基点可根据图纸给定的条件用几何法、解析几何法、三角函数法求得。

8.3.2 节点坐标的计算

如果零件的轮廓曲线不是由直线或圆弧构成(如可能是椭圆、双曲线、抛物线、一般二次曲线等)，而数控装置又不具备其他曲线的插补功能时，要采用直线或圆弧逼近的数学处理方法。即在满足允许的编程误差的条件下，用若干直线段或圆弧段分割逼近给定的曲线。相邻直线段或圆弧段的交点或切点称为节点。对于立体型面零件，应根据允许误差将曲线分割成不同的加工截面，各截面上的轮廓曲线也要进行基点和节点的计算。

一般节点计算的工作量非常大，且允许的误差越小，所分割的线段就越多，工作量会成倍增加。手工计算不仅效率低而且极易出错，因此对于节点的计算大都采用计算机辅助完成。

8.3.3　公差分配

零件尺寸都具有公差要求，而且大多不是对称公差，又由于数控机床加工时往往多个表面同时加工，调整一个加工参数就会影响全部表面的尺寸，因此不能直接按照图纸上的基本尺寸进行计算，而是应该先计算出各尺寸的最大最小极限尺寸的平均值，再根据这些尺寸的平均值计算基点和切点。

8.4　数控程序中的指令

在数控机床上加工零件的动作，都必须在程序中用指令方式事先予以规定，在加工过程中由机床自动实现。这类指令被称为数控指令，可分为两大类：工艺指令和参数指令。工艺指令用来规定动作的类型，例如刀具运动轨迹的形状、机床的启停、冷却液的开关等等，有时数控指令仅特指工艺指令。参数指令用来规定动作的量的大小，例如刀具运动的终点、进给运动的速度、主轴的转速等等，参数指令有时也被称为指令参数。

常用的工艺指令有：G 指令、M 指令；常用的参数指令有：F 指令、S 指令、T 指令和其他参数指令等。

国际上已广泛使用了 ISO-1056-1975E 所规定的 G 代码和 M 代码。我国机械工业部根据 ISO 标准制定了 JB 3208-83《数控机床穿孔带程序段格式中的准备功能 G 和辅助功能 M 代码》标准。数控指令中的 G 指令和 M 指令虽然早已有了国际标准和国家标准，但是不同的数控机床和数控系统对数控指令的规定都不尽相同。由于数控机床是严格按照它自身所规定的指令运行的，所以为不同的数控机床所编写的数控程序不具有通用性。因此编写数控加工程序时，指令格式应以数控机床所带的说明书和编程手册为准。如表 8-1、表 8-2 所示。

表 8-1　JB 3208-83 准备功能 G 指令

代码 (1)	功能保持到被取消或被同样字母表示的程序指令所代替 —	功能仅在所出现的程序段内有作用(3)	功能 (4)
G00	a		点定位
G01	a		直线插补
G02	a		顺时针方向圆弧插补
G03	a		逆时针方向圆弧插补
G04		*	暂停
G05	#	#	不指定
G06	a		抛物线插补
G07	#	#	不指定
G08		*	加速
G09		*	减速
G10 ～ G16	#	#	不指定
G17	c		XY 平面选择
G18	c		ZX 平面选择
G19	c		YZ 平面选择
G20 ～G32	#	#	不指定
G33	a		螺纹切削，等螺距
G34	a		螺纹切削，增螺距
G35	a		螺纹切削，减螺距
G36 ～ G39	#	#	永不指定
G40	d		刀具补偿/刀具偏置注销
G41	d		刀具补偿—左
G42	d		刀具补偿—右
G43	#(d)	#	刀具偏置—正
G44	#(d)	#	刀具偏置—负
G45	#(d)	#	刀具偏置＋/＋
G46	#(d)	#	刀具偏置＋/－
G 47	#(d)	#	刀具偏置－/－
G48	#(d)	#	刀具偏置－/＋
G49	#(d)	#	刀具偏置 0/＋
G50	#(d)	#	刀具偏置 0/－
G51	#(d)	#	刀具偏置＋/0

续表

代码 (1)	功能保持到被取消或被同样字母表示的程序指令所代替 —	功能仅在所出现的程序段内有作用(3)	功能 (4)
G52	#(d)	#	刀具偏置—/0
G53	f		直线偏移,注销
G54	f		直线偏移 X
G55	f		直线偏移 Y
G56	f		直线偏移 Z
G57	f		直线偏移 XY
G58	f		直线偏移 XZ
G59	f		直线偏移 YZ
G60	h		准确定位 1(精)
G61	h		准确定位 2(中)
G62	h		快速定位(粗)
G63		*	攻螺纹
G64 ～ G67	#	#	不指定
G68	#(d)	#	刀具偏置,内角
G69	#(d)	#	刀具偏置,外角
G70 ～ G79	#	#	不指定
G80	e		固定循环注销
G81 ～ G89	e		固定循环
G90	j		绝对尺寸
G91	j		增量尺寸
G92		*	预置寄存
G93	k		时间倒数,进给率
G94	k		每分钟进给
G95	k		主轴每转进给
G96	i		恒线速度
G97	i		每分钟转速(主轴)
G98 ～ G99	#	#	不指定

注:1. # 号表示:如选作特殊用途,必须在程序格式说明中说明。

2. 可在直线切削控制中没有刀具补偿,则 G43 到 G52 可指定作其他用途。

3. 在表中第(2)栏括号中的字线(d)表示:可以被同栏中没有括号的字母 d 所注销或代替,亦可被有括号的字母(d)所注销或代替。

4. 控制机上没有 G53 到 G59、G63 时,可以指定作其他用途。

表 8-2　JB 3208-83 辅助功能 M 指令

代码 (1)	功能开始时间		功能保持到被注销或被适当程序指令代替 (4)	功能仅在所出现的程序段内有作用 (5)	功能 (6)
	与程序段指令运动同时开始(2)	在程序段指令运动完成后开始 (3)			
M00		*		*	程序停止
M01		*		*	计划停止
M02		*		*	程序结束
M03	*		*		主轴顺时针方向
M04	*		*		主轴逆时针方向
M05		*	*		主轴停止
M06	*	*		*	换刀
M07	*		*		2 号冷却液开
M08	*		*		1 号冷却液开
M09		*	*		冷却液关
M10	*	*	*		夹紧
M11	*	*	*		松开
M12	#	#	#	#	不指定
M13	*		*		主轴顺时针方向,冷却液开
M14	*		*		主轴逆时针方向,冷却液开
M15	*			*	正运动
M16	*			*	负运动
M17 ～ M18	#	#	#	#	不指定
M19		*	*		主轴定向停止
M20 ～ M29	#	#	#	#	永不指定
M30		*		*	纸带结束
M31	*		*	*	互锁旁路
M32 ～ M35	#	#	#	#	不指定
M36	*		*		进给范围 1
M37	*		*		进给范围 2
M38	*		*		主轴速度范围 1
M39	*		*		主轴速度范围 2

续表

代码 (1)	功能开始时间		功能保持到被注销或被适当程序指令代替 (4)	功能仅在所出现的程序段内有作用 (5)	功能 (6)
	与程序段指令运动同时开始(2)	在程序段指令运动完成后开始 (3)			
M40 ～ M45	#	#	#	#	如有需要作为齿轮换档，此外不指定
M46 ～ M47	#	#	#	#	不指定
M48		*	*		注销 M49
M49	*		*		进给率修正旁路
M50	*		*		3 号冷却液开
M51	*		*		4 号冷却液开
M52 ～ M54	#	#	#	#	不指定
M55	*		*		刀具直线位移,位置 1
M56	*		*		刀具直线位移,位置 2
M57 ～ M59	#	#	#	#	不指定
M60		*		*	更换工件
M61	*				工件直线位移,位置 1
M62	*		*		工件直线位移,位置 2
M63 ～ M70	#	#	#	#	不指定
M71	*		*		工件角度位移,位置 1
M72	*		*		工件角度位移,位置 2
M73 ～ M89	#	#	#	#	不指定
M90 ～ M99	#	#	#	#	永不指定

注:1. # 号表示:如选作特殊用途,必须在程序格式说明中说明。

2. M90～M99 可指定为特殊用途。

第9章　数控车床编程

9.1　数控编程概述

9.1.1　数控编程的内容与方法

一般来讲,程序编制包括以下几个方面的工作。

1. 加工工艺分析

编程人员首先要根据零件图纸,对零件的材料、形状、尺寸、精度和热处理要求等进行加工工艺分析,合理地选择加工方案,确定加工顺序、加工路线、装夹方式、刀具及切削参数等;同时还要考虑所用数控机床的指令功能,充分发挥机床的效能。加工路线要短,正确地选择对刀点、换刀点、减少换刀次数。

2. 数值计算

根据零件图的几何尺寸确定的工艺路线及设定的坐标系,计算零件粗、精加工各运动的轨迹,得到刀位数据。对于形状比较简单的零件(如直线和圆弧组成的零件)的轮廓加工,要计算出几何元素的起点、终点、圆弧的圆心、两几何元素的交点或切点的坐标值,有的还要计算刀具中心的运动轨迹;对于形状比较复杂的零件(如非圆曲线、曲面组成的零件),需要用直线段或圆弧段逼近,根据要求的精度的要求计算出节点坐标值,这种数值计算一般要用计算机来完成。

3. 编写零件加工程序单

加工路线、工艺参数及刀位数据确定以后,编程人员根据数控系统给定的功能指令代码及程序段格式,逐段编写加工程序单。此外,还应附上必要的加工示意图、刀具布置图、机床调整卡、工序卡以及必要的说明。

4. 制备控制介质

把编制好的程序单上的内容记录在控制介质上,作为数控装置的输入信息。通过程序的手工输入或通信传输方式送入数控系统。

5. 程序校对与首件试切

编写的程序单和制备好的控制介质上必须经过校验和试切才能正式使用。校验的方法是直接将控制介质上的内容输入到数控装置中，让机床空运转，以检查机床的运动轨迹是否正确。在有 CRT 图形显示的数控机床上，用模拟刀具与工件切削过程的方法进行检验更为方便，但这些方法只能检验运动是否正确，不能检验被加工零件的加工精度。因此，要进行零件的首件试切，当发现有加工误差时，分析误差产生的原因，找出问题所在，加以修正。

9.1.2 数控编程的种类

数控编程一般分为手工编程和自动编程两种。

1. 手工编程

手工编程就是从分析零件图样、确定加工工艺过程、计算数值、编写零件加工程序单、制备控制介质到程序校验都由人工完成。对于加工形状简单、计算量小、程序不多的零件，采用手工编程较容易，而且经济、快捷。因此，在点位加工或由直线与圆弧组成的轮廓加工中，手工编程仍广泛应用。对于形状复杂的零件，特别是具有非圆曲线、列表曲线及曲线组成的零件，用手工编程就有一定困难，出错的概率增大，有时甚至无法编出程序，必须用自动编程的方法编制程序。

2. 自动编程

自动编程是利用计算机专用软件编制数控加工程序的过程。编程人员只需要根据零件图样的要求，使用数控语言，由计算机自动地进行数值计算及后置处理，编写出零件加工程序单，

加工程序通过直接通信的方式送入数控机床，指挥机床工作。自动编程使得一些计算繁琐、手工编程困难、或无法编出的程序能够顺利地完成。

9.1.3 程序结构与格式

1. 加工程序的组成结构

数控加工中零件加工程序的组成形式，随数控系统功能的强弱而略有不同。对功能较强的数控系统，其加工程序可分为主程序和子程序，其结构如表 9-1 所示。

表 9-1　主程序与子程序的结构形式

主程序	子程序
O2001　　主程序号	
N10 G90 G21 G40 G80	
N20 G91 G28 X0 Y0 Z0	O4001　　子程序号
N30 S2000 M03 T0101	N10 G91 G83 Y12 Z-12.3 R3.0 Q3.0 F250
…	N20 X12 L9　　程序内容
N70 M98 P4001 L3　　程序内容	N30 Y12
N80	…
…	N40 X-12 L9　　程序结束
N100 M09	N50 M99
N110 G91 G20 X0 Y0 Z0	
N120 M30　　程序结束	

不论是主程序还是子程序，每一个程序都是由程序号、程序内容和程序结束三部分组成的。程序的内容则由若干程序段组成，程序段由若干字组成，每个字又由字母和数字组成。即字母和数字组成字，字组成程序段，程序段组成程序。

(1)程序号。程序号为程序的开始部分，为了区别存储器中的程序，每个程序都要有程序编号，在编号前采用程序编号地址码。如在 FANUC 系统中，采用英文字母“O”作为程序编号地址，而其他系统有的采用“P”、“%”以及“:”等。

(2)程序内容。程序内容是整个程序的核心，由许多程序段组成，每个程序段由一个或多个指令组成，表示数控机床要完成的全部动作。

(3)程序结束。以程序结束指令 M02 或 M30 作为整个程序结束的符号，来结束整个程序。

2. 程序段格式

零件的加工程序是由程序段组成。程序段格式是指一个程序段中字、字符、数据的书写规则，通常有字-地址程序段格式。

字-地址程序段格式由语句号字、数据字和程序段结束组成。各字后有地址，字的排列顺序要求不严格，数据的位数可多可少，不需要的字以及与上一程序段相同的续效字可以不写。该格式的优点是程序简短、直观以及容易检查和修改。因此，该格式目前被广泛使用。数控加工程序内容、指令和程序段格式虽然在国际上有很多标准，但实际上并不完全统一。因此在编制某型号具体机床的加工程序之前，必须详细了解机床数控系统的编程说明书中的具体指令格式和编程方法。

字-地址程序段格式的编排顺序如下：

N-G-X-Y-Z-I-J-K-P-Q-R-A-B-C-F-S-T-M-LF

注意：上述程序段中包括的各种指令并非在加工程序的每个程序段中都必须有，而是根据各程序段的具体功能来编入相应的指令。

例如：N20 G01 X35 Y46 F100；

3. 程序段内各字的说明

(1)语句号字。

用以识别程序段的编号，由地址码 N 和后面的若干位数字组成。例如：N20 表示该语句号为 20。表示地址的英文字母的含义如表 9-2 所示。

表 9-2　地址码中英文字母的含义表

地址	功能	含义	地址	功能	含义
A	坐标字	绕 X 轴旋转	N	顺序号	程序段顺序号
B	坐标字	绕 Y 轴旋转	O	程序号	程序号、子程序号的指令
C	坐标字	绕 Z 轴旋转	P		暂停时间或程序中某功能的开始使用的顺序号
D	补偿号	刀具半径补偿指令	Q		固定循环终止段号或固定循环中的定距
E		第二进给功能	R	坐标字	固定循环中定距离或圆弧半径的指定
F	进给速度	进给速度的指令	S	主轴功能	主轴转速的指令
G	准备功能	指令动作方式	T	刀具功能	刀具编号的指令
H	补偿号	补偿号的指定	U	坐标字	与 X 轴平行的附加轴的增量坐标值
I	坐标字	圆弧中心 X 轴向坐标	V	坐标字	与 Y 轴平行的附加轴的增量坐标值
J	坐标字	圆弧中心 Y 轴向坐标	W	坐标字	与 Z 轴平行的附加轴的增量坐标值
K	坐标字	圆弧中 Z 轴向坐标中心	X	坐标字	X 轴的绝对坐标值或暂停时间
L	重复次数	固定循环及子程序的重复次数	Y	坐标字	Y 轴的绝对坐标
M	辅助功能	机床开/关指令	Z	坐标字	Z 轴的绝对坐标

(2)准备功能字 G。

G 功能是使数控机床做好某种操作准备的指令，用地址 G 和两位数字表示，从 G00～G99 共 100 种。目前，有的数控系统也用到 00～99 之外的数字。

G 代码分为模态代码(又称续效代码)和非模态代码。代码表中按代码的功能进行了分组,标有相同字母(或数字)的为一组,其中00组(或没标字母)的G代码为非模态代码,其余为模态代码。非模态代码只在本程序段有效,模态代码可在连续多个程序段中有效,直到被相同组别的代码取代。

(3)尺寸字。

尺寸字由地址码、+、- 符号及绝对(或增量)数值构成。

尺寸字的地址有X、Y、Z、U、V、W、P、Q、R、A、B、C、I、J、K、D、H等,例如X20 Y-40。尺寸字的"+"可省略。

(4)进给功能字F。

表示刀具中心运动时的进给速度,由地址码F和后面若干位数字构成。

(5)主轴转速功能字S。

由地址码S和在其后面的若干数字组成。

(6)刀具功能字T。

由地址功能码T和其后面的若干位数字组成。刀具功能的数字是指定的刀号,数字的位数由所用的系统决定。

(7)辅助功能字。

辅助功能也叫M功能或M代码,它是控制机床或系统的开关功能的一种命令。由地址M和后面的两位数字组成,从M00~M99共100种。各种机床的M代码规定有差异,必须根据说明书的规定进行编程。

(8)程序段结束。

写在每一程序段之后,表示程序结束。当用EIA标准代码时,结束符为CR;用ISO标准代码时为NL或LF;有的用符号":"或"*"表示,有的直接回车即可。

9.1.4 数控车床的编程特点

数控车床的编程具有如下特点:

(1)在一个程序段中,根据图样上标注的尺寸,可以采用绝对值编程或增量值编程,也可以采用混合编程。一般情况下,利用自动编程软件编程时,通常采用绝对值编程。

(2)被加工零件的径向尺寸在图样上和测量时,一般用直径值表示。所以采用直径尺寸编程更为方便。

(3)由于车削加工常用棒料或锻件作为毛料,加工余量较大,为简化编程,数控装置常具备不同形式的固定循环,可进行多次重复循环切削。

(4)编程时,认为车刀刀尖是一个点,而实际上为了提高刀具寿命和工件表面质量,车刀刀尖常磨成一个半径不大的圆弧,所以为提高工件的加工精度,编制圆头刀程序时,需要对刀具半径进行补偿。大多数数控车床都具有刀具半径自动补偿功能(G41、G42),这类数控车床可直接按工件轮廓尺寸编程。

9.1.5　车床数控系统功能

数控车床常用的功能指令有准备功能 G、辅助功能 M、刀具功能 T、主轴转速功能 S 和进给功能 F。表 9-3、表 9-4、表 9-5 和表 9-6 给出了几种常用的典型数控车削系统的 G 功能代码,供参考。

表 9-3　SIMENS 802S/C 系统常用指令表

路径数据		暂停时间	G4
绝对/增量尺寸	G90,G91	程序结束	M02
公制/英制尺寸	G71,G70	主轴运动	
半径/直径尺寸	G22,G23	主轴速度	S
可编程零点偏置	G58	旋转方向	M03/M04
可设定零点偏值	G54～G57,G50,G53	主轴速度限制	G25,G26
轴运动		主轴定位	SPOS
快速直线运动	G0	**特殊车床功能**	
进给直线插补	G1	恒速切削	G96/G97
进给圆弧插补	G2/G3	圆弧倒角/直线倒角	CHF/RND
中间点的圆弧插补	G5	**刀具及刀具偏置**	
定螺距螺纹加工	G33	刀具	T
接近固定点	G75	刀具偏置	D
回参考点	G74	刀具半径补偿选择	G41,G42
进给率	F	转角处加工	G450,G451
准确停/连续路径加工	G9,G60,G64	取消刀具半径补偿	G40
在准确停时的段转换	G601/G602	辅助功能	M

表 9-4 华中世纪星 HNC—21/22T 数控车系统的 G 代码

代码	组别	功能	代码	组别	功能
G00	01	快速定位	G57	11	坐标系选择 4
G01		直线插补	G58		坐标系选择 5
G02		圆弧插补(顺时针)	G59		坐标系选择 6
G03		圆弧插补(逆时针)		06	调用宏指令
G04	00	暂停	G71		外径/内径车削复合循环
G20		英制输入	G72		端面车削符合循环
G21	00	公制输入	G7		闭环车削符合循环
G28		参考点返回检查	G76		螺纹车削符合循环
G29		参考点返回	G80		外径/内径车削固定循环
G32	01	螺纹切削	G81		端面车削固定循环
G36	17	直径编程	G82		螺纹车削固定循环
G37		半径编程	G90	13	绝对编程
G40	09	取消刀尖半径补偿	G91		相对编程
G41		刀尖半径左补偿	G92	00	工件坐标系设定
G42		刀尖半径右补偿	G94	14	每分钟进给
G54	11	坐标系选择 1	G95		每转进给
G55		坐标系选择 2	G96	16	恒线速度切削
G56		坐标系选择 3	G97		恒转速切削

表 9-5 FANUC 0i—T 系统常用 G 指令表

G 代码			组	功能	G 代码			组	功能
A	B	C			A	B	C		
G00	G00	G00	01	快速定位	G70	G70	G72	00	精加工循环
G01	G01	G01		直线插补(切削进给)	G71	G71	G73		外圆粗车循环
G02	G02	G02		圆弧插补(顺时针)	G72	G72	G74		端面粗车循环
G03	G03	G03		圆弧插补(逆时针)	G73	G73	G75		多重车削循环
G04	G04	G04	00	可编程数据输入	G75	G75	G77		排屑钻端面孔
G10	G10	G10		暂停	G74	G74	G76		外径/内径钻孔循环
G11	G11	G11		可编程数据输入方式取消	G76	G76	G78		多头螺纹循环

续表

G代码			组	功能	G代码			组	功能
A	B	C			A	B	C		
G20	G20	G70	06	英制输入	G80	G80	G80	10	固定钻循环取消
G21	G21	G71		公制输入	G83	G83	G83		钻孔循环
G27	G27	G27	00	返回参考点检查	G84	G84	G84		攻丝循环
G28	G28	G28		返回参考位置	G85	G85	G85		正面镗循环
G32	G33	G33	01	螺纹切削	G87	G87	G87		侧钻循环
G34	G34	G34		变螺距螺纹切削	G88	G88	G88		侧攻丝循环
G36	G36	G36	00	自动刀具补偿 X	G89	G89	G89		侧镗循环
G37	G37	G37		自动刀具补偿 Z	G90	G20	G20	01	外径/内径车削循环
G40	G40	G40	07	取消刀尖半径补偿	G92	G21	G21		螺纹车削循环
G41	G41	G41		刀尖半径左补偿	G94	G24	G24		端面车削循环
G42	G42	G42		刀尖半径右补偿	G96	G96	G96	02	恒表面切削速度控制
G50	G92	G92	00	坐标系或主轴最大速度设定	G97	G97	G97		恒表面切削速度控制取消
G52	G52	G52	00	局部坐标系设定	G98	G94	G94	05	每分钟进给
G53	G53	G53		机床坐标系设定	G99	G95	G95		每转进给
G54～G59			14	选择工件坐标系 1～6	—	G90	G90	03	绝对值编程
G65	G65	G65	00	调用宏指令	—	G91	G91		增量值编程

表 9-6　FAGOR 8055T 系统常用的 G 功能

G代码	功能	G代码	功能
G00	快速定位	G54～G57	绝对零点偏置
G01	直线插补	G58	附加零点偏置 1
G02	顺时针圆弧插补	G59	附加零点偏置 2
G03	逆时针圆弧插补	G60	轴向钻削/攻丝固定循环
G04	停顿/程序段准备停止	G61	径向钻削/攻丝固定循环
G05	圆角过渡	G62	纵向槽加工固定循环
G06	绝对圆心坐标	G63	径向槽加工固定循环
G07	方角过渡	G66	模式重复固定循环
G08	圆弧切于前一路径	G68	沿 X 轴的余量切除固定循环
G09	三点定义圆弧	G69	沿 Z 轴的余量切除固定循环
G10	图像镜像取消	G70	以英寸为单位编程

续表

G代码	功能	G代码	功能
G11	图像相当于X轴镜像	G71	以毫米为单位编程
G12	图像相当于Y轴镜像	G72	通用和特定缩放比例
G13	图像相当于Z轴镜像	G74	机床参考点搜索
G14	图像相当于编程的方向镜像	G75	探针运动直到接触
G15	纵向轴的选择	G76	探针接触
G16	用2个方向选择主平面	G77	从动轴
G17	主平面X−Y纵轴为Z	G77S	主轴速度同步
G18	主平面Z−X纵轴为Y	G78	从动轴取消
G19	主平面Y−Z纵轴为X	G78S	取消主轴同步
G20	定义工作区下限	G81	直线车削固定循环
G21	定义工作区上限	G82	端面车削固定循环
G22	激活/取消工作区	G83	钻削固定循环
G28	第二主轴选择	G84	圆弧车削固定循环
G29	主轴选择	G85	端面圆弧车削固定循环
G30	主轴同步(偏移)	G86	纵向螺纹切削固定循环
G32	进给率F作用时间的倒函数	G87	端面螺纹切削固定循环
G33	螺纹切削	G88	沿X轴开槽固定循环
G36	自动半径过渡	G89	沿Z轴开槽固定循环
G37	切向入口	G90	绝对坐标编程
G38	切向出口	G91	增量坐标编程
G39	自动倒角连接	G92	坐标预置/主轴速度限制
G40	取消刀具半径补偿	G93	极坐标原点
G41	刀具半径左补偿	G94	直线进给率mm(inches)/min
G42	刀具半径右补偿	G95	旋转进给率mm(inches(/r
G45	切向控制	G96	恒速切削
G50	受控圆角	G97	主轴转速为r/min

从表中可以看出:对于同一G代码而言,不同的数控系统所代表的含义不完全一样。

9.2　常用指令的编程要点

9.2.1　数控机床的坐标系统及其编程指令

1. 机床坐标系与运动方向

(1)坐标系建立的原则。

刀具相对于静止的零件而运动的原则　由于机床的结构不同，有的是刀具运动，零件固定；有的是刀具固定，零件运动等等。为了编程方便，一律规定：永远假定刀具相对于静止的工件坐标而运动。

(2)坐标系的建立。

数控机床的坐标系采用右手直角笛卡尔坐标系。大拇指的方向为 X 轴的正方向；食指为 Y 轴的正方向；中指为 Z 轴的正方向。围绕 X、Y、Z 各轴的回转运动及其正方向＋A、＋B、＋C 用右手螺旋法则判定，如图 9.1 所示。

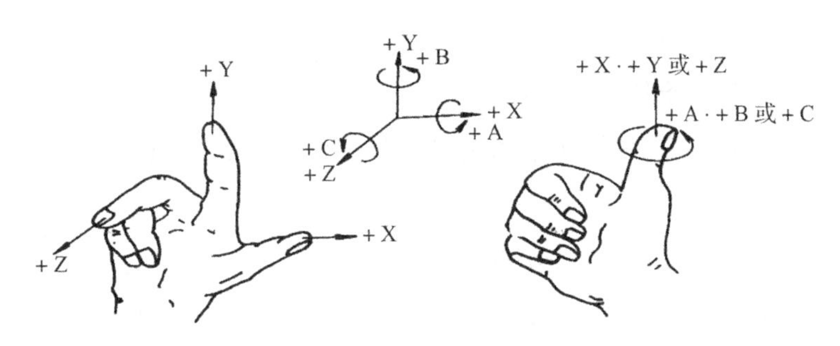

图 9.1　右手笛卡儿坐标系

(3)运动方向的确定。

规定：机床某一部件运动的正方向，是增大工件和刀具之间距离的方向。

①Z 坐标的运动。Z 坐标的运动由传递切削力的主轴决定，与主轴轴线平行的坐标轴即为 Z 坐标。Z 坐标的正方向为增大工件与刀具之间距离的方向。

②X 坐标的运动。X 坐标为水平的且平行于工件装夹面的方向，这是在刀具或工件定位平面内运动的主要坐标。对于工件旋转的机床(如车床、磨床等)，X 坐标的方向在工件的径向上，且平行于横滑座。刀具离开工件旋转中心的方向为 X 轴正方向，如图 9-2 所示。对于刀具旋转的机床(如铣床、镗床、钻床等)，X 运动的正方向指向右方。

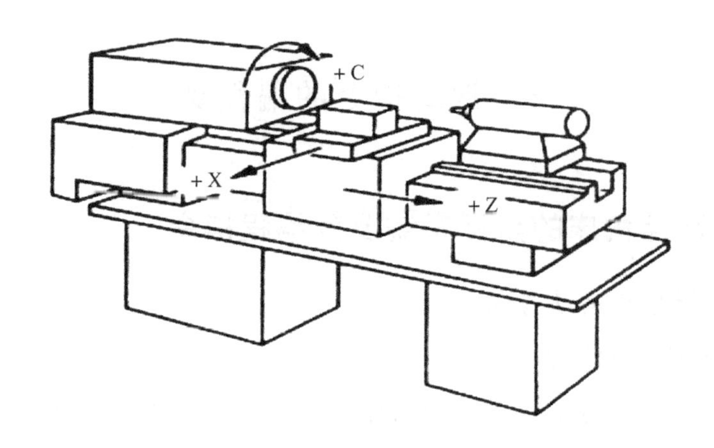

图 9.2　X 坐标的运动

③Y 坐标的运动。Y 坐标轴垂直于 X、Z 坐标轴，Y 坐标运动的正方向根据 X 和 Z 坐标的正方向，按右手直角坐标系来判断。

④旋转运动 A、B、和 C。A、B 和 C 相应地表示其轴线平行于 X、Y 和 Z 坐标的旋转运动。A、B 和 C 的正方向，相应地表示在 X、Y 和 Z 坐标正方向上按照右旋螺旋前进的方向。

2. 数控车床编程中的坐标系

数控车床坐标系统分为机床坐标系和工件坐标系(编程坐标系)。

(1)机床坐标系。

以机床原点为坐标原点建立起来的 X、Z 轴直角坐标系，称为机床坐标系。车床的机床原点为主轴旋转中心与卡盘后端面的交点。机床坐标系是制造机床的基础，也是设置工件坐标系的基础，一般不允许随意变动。如图 9.3 所示。

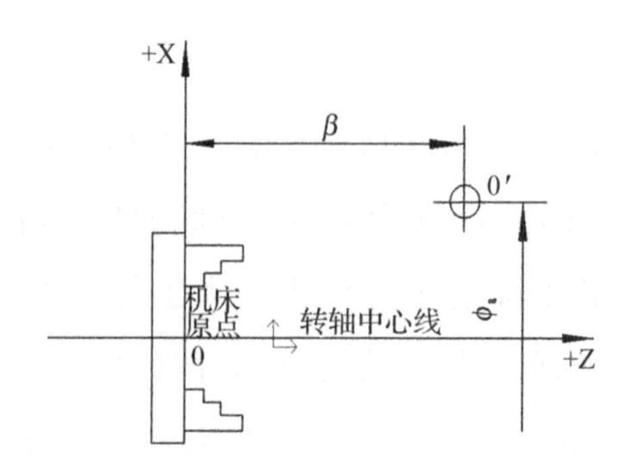

图 9.3　机床坐标系

（2）参考点。

参考点是机床上的一个固定点。该点是刀具退离到一个固定不变的极限点 （图9.4中点O′即为参考点），其位置由机械挡块或行程开关来确定。以参考点为原点，坐标方向与机床坐标方向相同而建立的坐标系叫做参考坐标系，在实际使用中通常以参考坐标系计算坐标值。

（3）工件坐标系（编程坐标系）。

数控编程时应该首先确定工件坐标系和工件原点。零件在设计中有设计基准，在加工过程中有工艺基准，同时应尽量将工艺基准与设计基准统一，该统一的基准点通常称为工件原点。以工件原点为坐标点建立起来的X、Z轴直角坐标系，称为工件坐标系。在车床上工件原点可以选择在工件的左或右端面上，即工件坐标系是将参考坐标系通过对刀平移得到的。如图9.4所示。

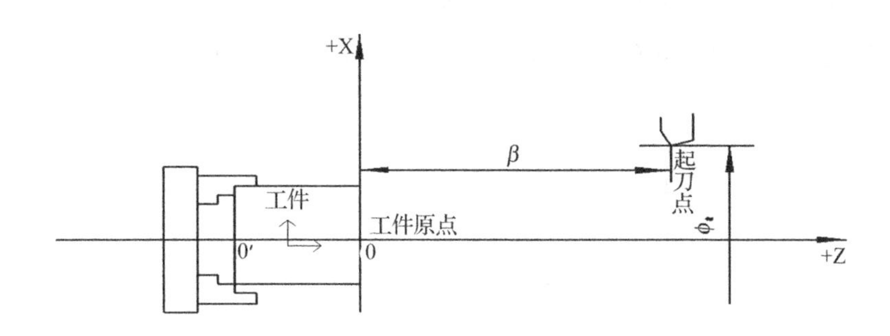

图9.4　工件坐标系

3. 工件坐标系设定指令G50

G50指令是规定工件坐标系原点的指令，工件坐标系原点又称编程零点。当用绝对尺寸编程时，必须先建立一坐标系，用来确定刀具起始点在坐标系中的坐标值。

（1）编程格式

G50 X(α)Z(β)

式中：α、β分别为刀尖的起始点距工件原点在X向和Z向的尺寸。执行G50指令时，机床不动作，即X、Z轴均不移动，系统内部对（α、β）进行记忆，CRT显示器上的坐标值发生了变化，这就相当于在系统内部建立了以工件原点为坐标原点的工件坐标系。

（2）注意事项

有些数控机床用G92指令建立工件坐标系，如华中数控HNC—21T系统；

有的数控系统则直接采用零点偏置指令(G54～G57)建立工件坐标系,如 SIMENS 802S/C 系统。

9.2.2 尺寸系统的编程方法

1. 绝对和增量尺寸编程(G90/G91)

G90 和 G91 指令分别对应着绝对位置数据输入和增量位置数据输入。G90 表示程序段中的尺寸字为绝对坐标值,即从编程零点开始的坐标值。系统上电后,机床处在 G90 状态。G90 编入程序时,以后所有输入的坐标值全部是以编程零点为基准的绝对坐标值,并且一直有效,直到在后面的程序段中由 G91(增量位置输入数据)替代为止。

例如刀具由起点 A 直线插补到目标点 B,如图 9.5 所示。

用 G90 编程时程序为 G90　G01　X30　Y60　F100

用 G91 编程时程序为 G91　G01　X-40　Y30　F100

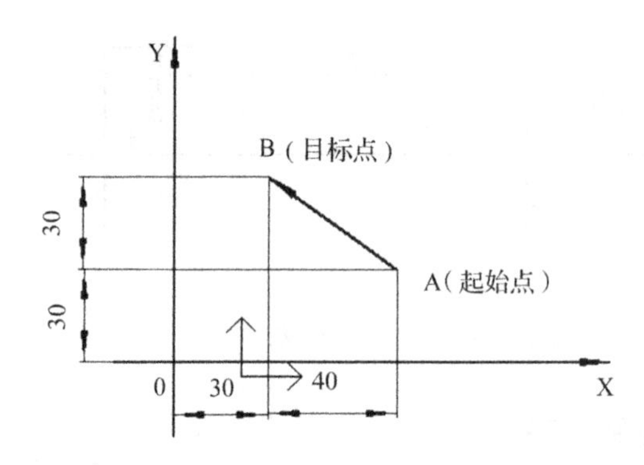

图 9.5　G90、G91 编程举例

2. 半径/直径数据尺寸(G22/G23)

G22 和 G23 指令定义为半径/直径数据尺寸编程。在数控车床中,可把 X 轴方向的终点坐标作为半径数据尺寸,也可作为直径数据尺寸,通常把 X 轴的位置数据用直径数据编程更为方便。

注意:华中数控的世纪星 HNC—21/22T 系统的直径/半径编程采用 G36/G37 代码。

9.2.3　刀具功能 T、进给功能 F 和主轴转速功能 S

1. 选择刀具与刀具偏置

选择刀具和确定刀具参数是数控编程的重要步骤，其编程格式因数控系统不同而异，主要格式有以下几种。

(1)采用 T 指令编程。

由地址功能码 T 和其后面的若干位数字组成。刀具功能的数字是指定的刀号，数字的位数由所用的系统决定。例如：

T0303 表示选择第 3 号刀，3 号偏置量。

T0300 表示选择第 3 号刀，刀具偏置取消。

(2)采用 T、D 指令编程。

利用 T 功能可以选择刀具，利用 D 功能可以选择相关的刀偏。

在定义这两个参数时，其编程的顺序为 T、D。T 和 D 可以编写在一起，也可以单独编写，例如：

T5 D18——选择 5 号刀，采用刀具偏置表 18 号的偏置尺寸；

D22——仍用 5 号刀，采用刀具偏置表 22 号的偏置尺寸；

T3——选择 3 号刀，采用刀具与该刀相关的刀具偏置尺寸。

2. 进给功能 F

进给功能 F 表示刀具中心运动时的进给速度。由地址码 F 和后面若干位数字构成。这个数字的单位取决于每个系统所采用的进给速度的指定方法，具体内容见所用机床编程说明书。

注意：

(1)进给率的单位是直线进给率 mm/min(或 inches/min)，还是旋转进给率 mm/r(或 inches/r)，取决于每个系统所采用的进给速度的指定方法。

(2)F 功能为模态指令，实际进给率可以通过 CNC 操作面板上的进给倍率旋钮，在 0%～120%之间控制。

3. 主轴转速功能 S

由地址码 S 和其后面的若干数字组成，单位为转速单位(r/min)。例如，S260 表示主轴转速为 260 r/min。

9.2.4　常用的辅助功能

辅助功能也叫 M 功能或 M 代码，它是控制机床或系统开关功能的一种命令。常用的辅助功能编程代码见表 9-7。

注意:各种机床的 M 代码规定有差异,编程时必须根据说明书的进行。

表 9-7 常用的辅助功能的 M 代码、含义及用途

功 能	含 义	用 途
M00	程序停止	实际上是一个暂停指令。当执行有 M00 指令的程序段后,主轴的转动、进给、切削液都将停止。它与单程序段停止相同,模态信息全部被保存,以便进行某一手动操作,如换刀、测量工件的尺寸等。重新启动机床后,继续执行后面的程序
M01	选择停止	与 M00 的功能基本相似,只有在按下"选择停止"后,M01 才有效,否则机床继续执行后面的程序段;按"启动"键,继续执行后面的程序
M02	程序结束	该指令编在程序的最后一条,表示执行完程序内所有指令后,主轴停止、进给停止、切削液关闭,机床处于复位状态
M03	主轴正转	用于主轴顺时针方向转动
M04	主轴反转	用于主轴逆时针方向转动
M05	主轴停止转动	用于主轴停止转动
M06	换刀	用于加工中心的自动换刀动作
M08	冷却液开	用于切削液开
M09	冷却液关	用于切削液关
M30	程序结束	使用 M30 时,除表示执行 M02 的内容之外,还返回到程序的第一条语句,准备下一个工件的加工
M98	子程序调用	用于调用子程序
M99	子程序返回	用于子程序结束及返回

9.2.5 运动路径控制指令的编程方法

1. 快速线性移动指令 G00

G00 用于快速定位刀具,不对工件进行加工.可以在几个轴上同时执行快速移动,由此产生一线性轨迹。

(1)编程格式

G00 X(U)_ Z(W)_

式中:X、Z 为刀具移动的目标点坐标。

(2)注意事项

①使用 G00 指令时,刀具的实际运动路线并不一定是直线,可以是一条折

线。因此，要注意刀具是否与工件或夹具发生干涉，对不适合联动的场合，每轴可单动。

②使用 G00 指令时，机床的进给率由轴机床参数指定。G00 指令是模态代码。

2. 插补指令 G01

直线插补指令是直线运动指令，命令刀具在两坐标间以插补联动方式按指定的进给速度做任意斜率的直线运动。该指令是模态指令。

(1)编程格式

G01 X(U)_Z(W)_F_

式中：X、Z 为刀具移动的目标点坐标，F 为进给速度。

(2)说明

①G01 指令后的坐标值是绝对值编程还是取增量值编程由 G90/G91 决定。

②F 指令也是模态指令，F 的单位由直线进给率或旋转进给率指令确定。

【例】如图 9.6 所示，利用直线插补指令编写零件轮廓的车削加工程序。

采用绝对值编程：

```
N10  G50 X200.0 Z100.0            ; 工件坐标系设定
N20  G00 X50.0 Z2.0 S500.0 M03 ; 刀具快速移动，主轴转速 S=500r/min
N30  G01 Z—40.0 F100.0           ; 以 F=100mm/min 的进给率从  P1→P2
N40  X80.0 Z—60.0                 ; P2→P3
N50  G00 X20.0 Z100.0             ; P3→P0  快速移动空运行
N60  M02                          ; 程序结束
```

采用增量值编程：

```
N10  G50 X20.0 Z100.0                    ; 工件坐标系设定
N20  G91 G23
N30  G00 X-150.0 Z-98.0 S500.0 M03     ; P0→ P1
N40  G01 Z-42.0 F100.0                   ; P1→ P2
N50      X30.0 Z-20.0                    ; P2→ P3
N60  G00 X120.0 Z160.0                   ; P3→ P0
N70  M02; 程序结束
```

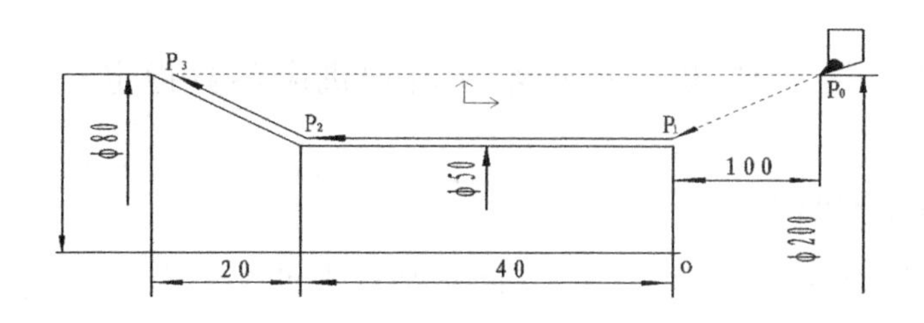

图 9.6　直线插补

3. 圆弧插补指令 G02/G03

圆弧插补指令命令刀具在指定平面内按给定的进给速度 F 作圆弧运动，切削出圆弧轮廓。

(1)圆弧顺逆的判断与铣床相同。

(2)指令格式　数控车床只有二个坐标轴，所以指令格式为：

用 I、K 指定圆心位置

G02X __ Z __ I __ K __

G03X __ Z __ I __ K __

用圆弧半径 R 指定圆心位置

G02X __ Z __ R __

G02X __ Z __ R __

说明：

(1)格式中所有字母的含义同铣床相同

(2)数控车床的刀架位置有两种形式，即刀架在操作者同侧或在操作者外侧，因此，应根据刀架的位置判别圆弧插补时的顺逆方向，见图 9.7。

4. 螺纹车削加工指令

螺纹加工的类型包括：内(外)圆柱螺纹和圆锥螺纹、单头螺纹和多头螺纹、恒螺距与变螺距螺纹。数控系统提供的螺纹加工指令包括：单一螺纹指令和螺纹固定循环指令。前提条件是主轴上有位移测量系统。数控系统的不同，螺纹加工指令也有差异，实际应用中按所使用机床的要求编程。

(1)单行程螺纹切削(G32/G33)

G32/G33 指令可以执行单行程螺纹切削，车刀进给运动严格根据输入的螺纹导程进行。但是，车刀的切入、切出、返回均须编入程序。

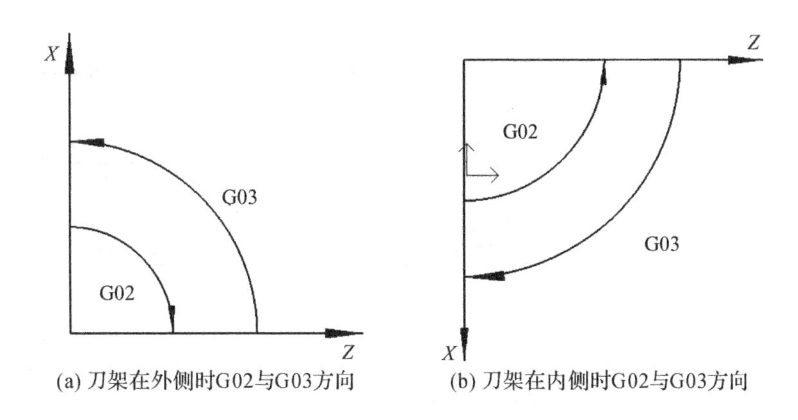

图 9.7 圆弧的顺逆方向与刀架位置的关系

几种典型数控系统的单行程螺纹加工的编程格式见表 9-8。

注意事项：

①行恒螺距螺纹加工时，其进给速度 F 的单位采用旋转进给率，即 mm/r（或 inches/r）；

②避免在加减速过程中进行螺纹切削，要设置引入距离 δ_1 和超越距离 δ_2，既升速进刀段和减速退刀段，见图 9.8。一般 δ_1 为 2mm～5mm，对于大螺距和高精度的螺纹取大值；δ_2 一般取 δ_1 的 1/4 左右，若螺纹的收尾处没有退刀槽时，一般按 45°退刀收尾。

表 9-8 典型数控系统单行程螺纹编程指令

数控系统	编程格式	说明
FANUC	G32 X(U)_ Z(W)_ F_	F 采用旋转进给率，表示螺距
SIEMENS	圆柱螺纹：G33 Z_ K_ SF_ 锥螺纹：G33 Z_ X_ K_ G33 Z_ X_ I_ 端面螺纹：G33 X_ I_ SF_	K 为螺距，SF 为起始点偏移量 锥度小于 45°，螺距为 K 锥度大于 45°，螺距为 I
FAGOR	G33 X C L Q	X C5.5 为螺纹终点，L5.5 为螺距， Q3.5 表示多头螺纹时的主轴角度
HNC-21T	G32 X(U)_Z(W)_R_E_P_F_	R、E 为螺纹切削的退刀量，F 为螺纹导程， P 为切削起始点的主轴转角

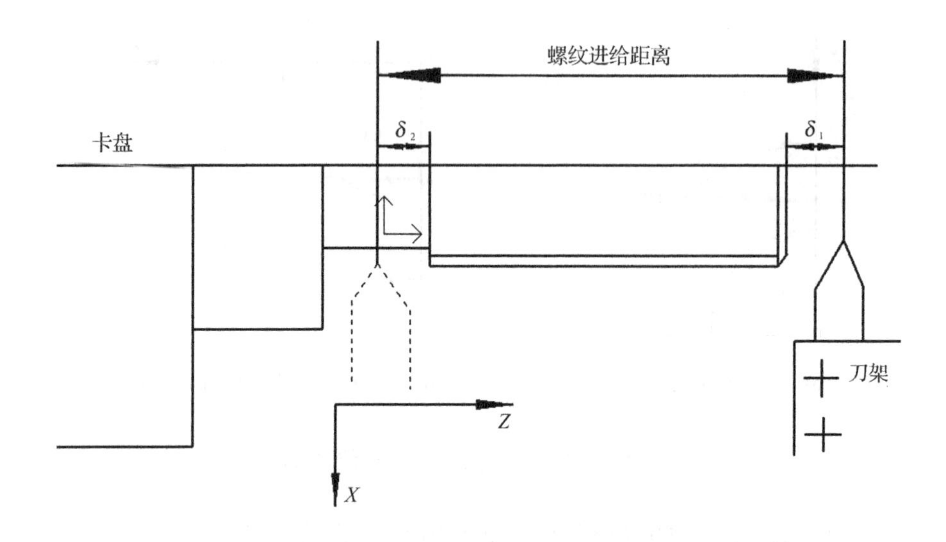

图 9.8　切削螺纹时的引入距离

螺纹起点与螺纹终点径向尺寸的确定。螺纹加工中的编程大径应根据螺纹尺寸标注和公差要求进行计算，并由外圆车削来保证。如果螺纹牙型较深、螺距较大，可采用分层切削，如图 9-9 所示。常用螺纹切削的进给次数与吃刀量可参考表 9-9。

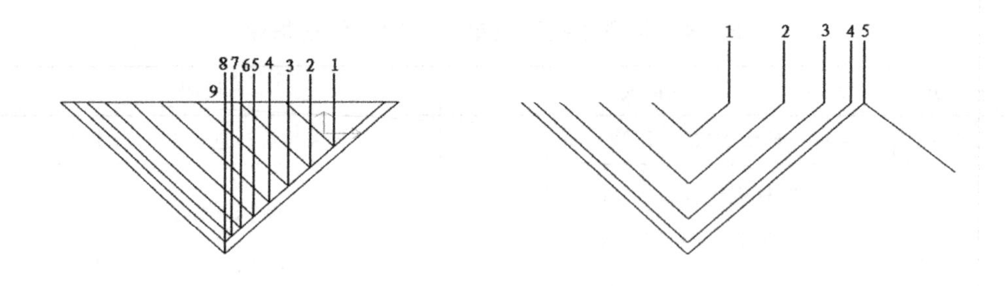

图 9.9　螺纹进刀切削方法

表 9-9　常用螺纹切削的进给次数与吃刀量

公制螺纹								
螺距 mm		1.0	1.5	2	2.5	3	3.5	4
牙深(半径值)		0.649	0.974	1.299	1.624	1.949	2.273	2.598
切削次数及吃刀量直径值	1 次	0.7	0.8	0.9	1.0	1.2	1.5	1.5
	2 次	0.4	0.6.	0.6	0.7	0.7	0.7	0.8
	3 次	0.2	0.4	0.6	0.6	0.6	0.6	0.6
	4 次		0.16	0.4	0.4	0.4	0.6	0.6
	5 次			0.1	0.4	0.4	0.4	0.4
	6 次				0.15	0.4	0.4	0.4
	7 次					0.2	0.2	0.4
	8 次						0.15	0.3
	9 次							0.2
英制螺纹								
牙/in		24	18	16	14	12	10	8
牙深(半径值)		0.698	0.904	1.016	1.162	1.355	1.626	2.033
切削次数及吃刀量直径值	1 次	0.8	0.8	0.8	0.8	0.9	1.0	1.2
	2 次	0.4	0.6	0.6	0.6	0.6	0.7	0.7
	3 次	0.16	0.3	0.5	0.5	0.6	0.6	0.6
	4 次		0.11	0.14	0.3	0.4	0.4	0.5
	5 次				0.13	0.21	0.4	0.5
	6 次						0.16	0.4
	7 次							0.17

5. 暂停指令 G04

G04 指令可使刀具作暂短的无进给光整加工，一般用于镗平面、锪孔等场合。

(1)编程格式

G04 X(P)_

(2)说明

地址码 X 或 P 为暂停时间。其中:X 后面可用带小数点的数，单位为秒，如 G04 X5. 表示前面的程序执行完后，要经过 5 秒的暂停，下面的程序段才执行；地址 P 后面不允许用小数点，单位为毫秒。如 G04 P1000 表示暂停 1 秒。

9.3 刀具补偿指令及其编程

刀具半径补偿指令为G41、G42、G40。

在实际加工中,一般数控装置都有刀具半径补偿功能,为编制程序提供了方便。有刀具半径补偿功能的数控系统,编程时不必计算刀具中心的运动轨迹,只按零件轮廓编程即可。使用刀具半径补偿指令,并在控制面板上手工输入刀具半径,数控装置便能自动地计算出刀具中心轨迹,并按刀具中心轨迹运动,即执行刀具半径补偿后,刀具自动偏离工件轮廓一个刀具半径值,从而加工出所要求的工件轮廓。

G41为刀具半径左补偿,即沿刀具的运动方向看刀具位于工件轮廓左侧时的半径补偿,如图9.10刀具半径补偿(a)所示;G42为刀具半径右补偿,即沿刀具的运动方向看,刀具位于工件轮廓右侧时的半径补偿,如图9.10刀具半径补偿(b)所示;G40为刀具半径补偿取消,使用该指令后,G41、G42指令无效。G40必须和G41或G42成对使用。

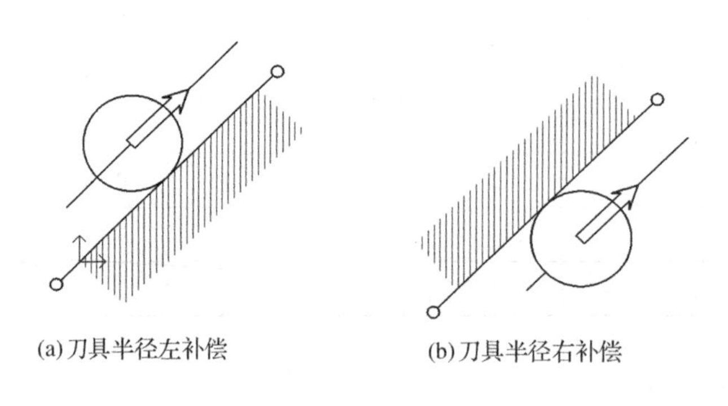

图9.10 刀具半径补偿

刀具半径补偿的过程分为三步。①刀补的建立,刀具中心从与编程轨迹重合过渡到与编程轨迹偏离一个偏置量的过程;②刀补进行,执行有G41、G42指令的程序段后,刀具中心始终与编程轨迹相距一个偏置量;③刀补的取消,刀具离开工件,刀具中心轨迹要过渡到与编程重合的过程。刀补的建立与取消过程见9.2.3。

编程时应注意:G41、G42不能重复使用,即在程序中前面有了G41或G42指令之后,不能再直接使用G41或G42指令。若想使用,则必须先用G40指令解除原补偿状态后，再使用 G41 或 G42，否则补偿就不正常了。

9.4　固定循环

对数控车床而言，非一刀加工即可完成的轮廓表面、加工余量较大的表面，一般采用循环编程，可以缩短程序段的长度，减少程序所占内存。各类数控系统复合循环的形式和使用方法（主要是编程方法）相差甚大，下面介绍 3 种数控系统的车削固定循环。

9.4.1　FANUC 系统的车削固定循环

FANUC 系统的车削固定循环分为单一形状固定循环和复合形状固定循环两类，见表 9-10，循环指令中的地址码含义见表 9-11。

表 9-10　FANUC 系统的车削固定循环一览表

G 代码	编程格式	用途
G90	G90 X(U)_ Z(W)_ F_	
G90	X (U) Z(W)_ I_ F_	单一形状固定循环
G71	G71 P (ns) Q(nf) U(△)W(△)D(△)F_ S_ T_	外圆粗车循环
G72	G72 P (ns) Q(nf) U(△) W(△)D(△)F_ S_ T_	端面粗车循环
G73	G73 P (ns) Q(nf) I(△)K(△)U(△)W(△)D(△)F_S_T_	固定形状粗车循环
G70	G70 P (ns) Q(nf)	精车循环

表 9-11　车削固定循环中地址码的含义

地址	含　义
n_s	循环程序段中第一个程序段的顺序号
N_f	循环程序段最后一个程序段的顺序号
Δi	粗车时，径向切除的余量（半径值）
Δk	粗车时，轴向切除的余量
Δu	径向（X 轴方向）的精车余量（直径值）
Δw	轴向（Z 轴方向）的精车余量
Δd	每次吃刀深度（在外径和端面粗车循环）；或粗车循环次数（在固定形状粗车循环）

复合固定循环 G71 适用于圆柱毛坯料粗车外圆和圆筒毛坯料粗车内径，图 9.11 为用 G71 粗车外径的加工路径。图中 C 是粗车循环的起点，A 是毛坯外

径与端面轮廓的交点，Δw 是轴向精车余量；$\Delta u/2$ 是径向精车余量。Δd 是切削深度，e 是回刀时的径向退刀量（由参数设定）。(R)表示快速进给，(F)表示切削进给。

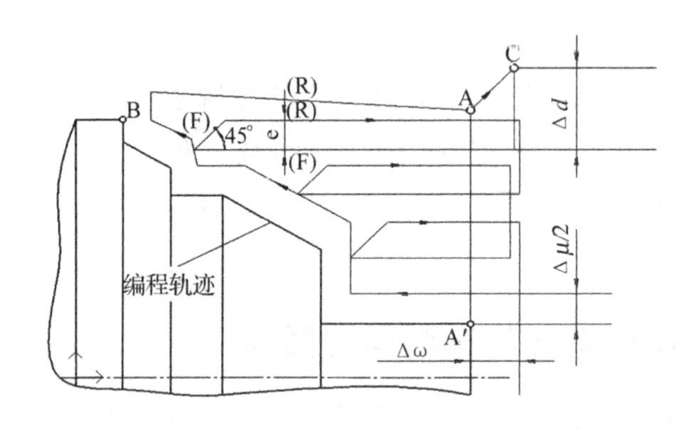

图 9.11　外径粗车循环 G71 的加工路径

G72 适用于圆柱毛坯端面方向粗车，图 9.12 所示为从外径方向往轴心方向车削端面时的走刀路径。

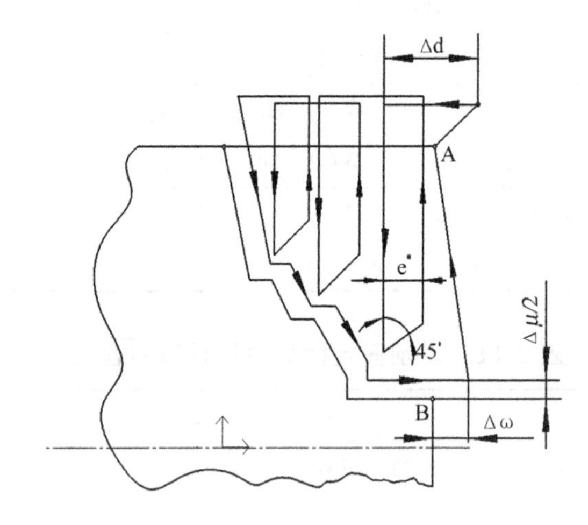

图 9.12　端面粗车循环 G72 的加工路径

G73 适用于毛坯轮廓形状与零件轮廓形状基本接近时的粗车，例如，一般锻件或铸件的粗车，这种循环方式的走刀路线如图 9.13 所示。

9.4.2　SIEMENS 802S/C 系统的车削固定循环

SIEMENS 802S/C 常用的固定循环代码如表 9-12 所示。

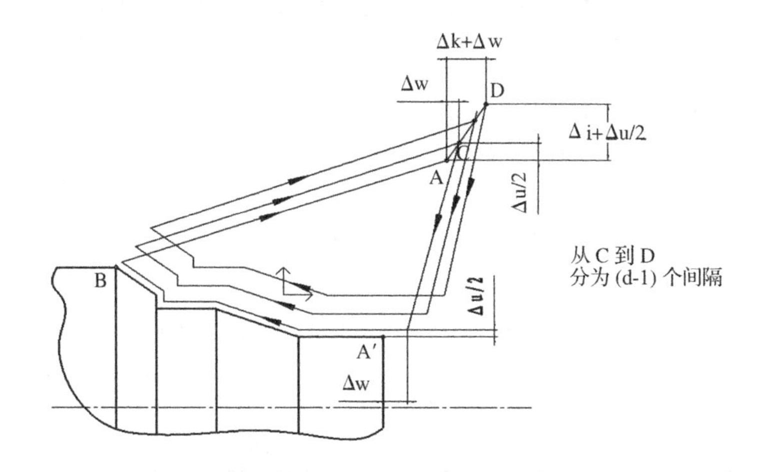

图 9.13　固定形状粗车循环 G73 的走刀路径

表 9-12　西门子系统车削固定循环

循环代码	用途	循环代码	用途
LCYC82	钻孔，沉孔加工	LCYC93	凹槽切削
LCYC83	深孔钻削	LCYC94	凹凸切削(E 型和 F 型，按 DIN 标准
LCYC840	带补偿夹具内螺纹切削	LCYC95	毛坯切削(带根切)
LCYC85	镗孔	LCYC97	螺纹切削

使用时应注意以下几点：

①循环中所使用的参数为 R100～R249；

②调用一个循环之前必须对该循环的传递参数赋值。循环结束以后传递参数的值保持不变。

③使用加工循环时，必须事先保留参数 R100～R249，从而确保这些参数用于加工循环而不被程序中其他地方所使用。

④如果在循环中没有设定进给值、主轴转速和主轴方向的参数，则编程时必须予以赋值。循环结束以后 G00、G90、G40 一直有效。

9.4.3　华中数控 HNC21/22T 车削系统的固定循环

HNC 21/22T 常用的固定循环代码如表 9-13 所示，循环指令中的地址码含义见表 9-14。

表 9-13　华中数控世纪星 21/22T 复合固定循环

G 代码	编程格式	用途
G71	G71U(Δd)R(r)P(ns)Q(nf)X(Δx)Z(Δz)F(f)S(s)T(t) 有凹槽时:G71U(Δd)R(r)P(ns)Q(nf)E(e)F(f)S(s)T(t)	内/外圆粗车循环
G72	G72$W(\Delta d)R(r)P(ns)Q(nf)(\Delta x)Z(\Delta z)F(f)S(s)T(t)$	端面粗车循环
G73	G73U(Δd)W(Δd)R(r)P(ns)Q(nf)X(Δx)Z(Δz) F S T	固定形状粗车循环
G76	G76$C(c)R(r)E(e)A(a)X(x)Z(z)I(i)K(k)$ $U(d)V(\Delta dmin)R(r)Q(\Delta d)P(p)F(L)$	螺纹切削复合循环

表 9-14　车削固定循环中地址码的定义

地址	含　义
n_s	循环程序段中第一个程序段的顺序号
n_f	循环程序段中的最后一个程序段的顺序号
Δd	切削深度(每次进刀量)
r	每次退刀量
Δx	X 轴方向的精加工余量(半径值)
Δz	Z 轴方向的精车余量
e	精加工余量,其值为轮廓的等距线距离,外径切削时为正,内径切削时为负

9.4.4　车削固定循环编程实例

【例】用外径粗加工复合循环编制。

图 9.14 典型加工零件所示零件的加工程序。要求循环起始点在 A(46,3),切削深度为 1.5mm(半径量),退刀量为 1mm,X 方向精加工余量为 0.2mm,Z 方向精加工余量为 0.2mm.其中点划线部分为工件毛坯。

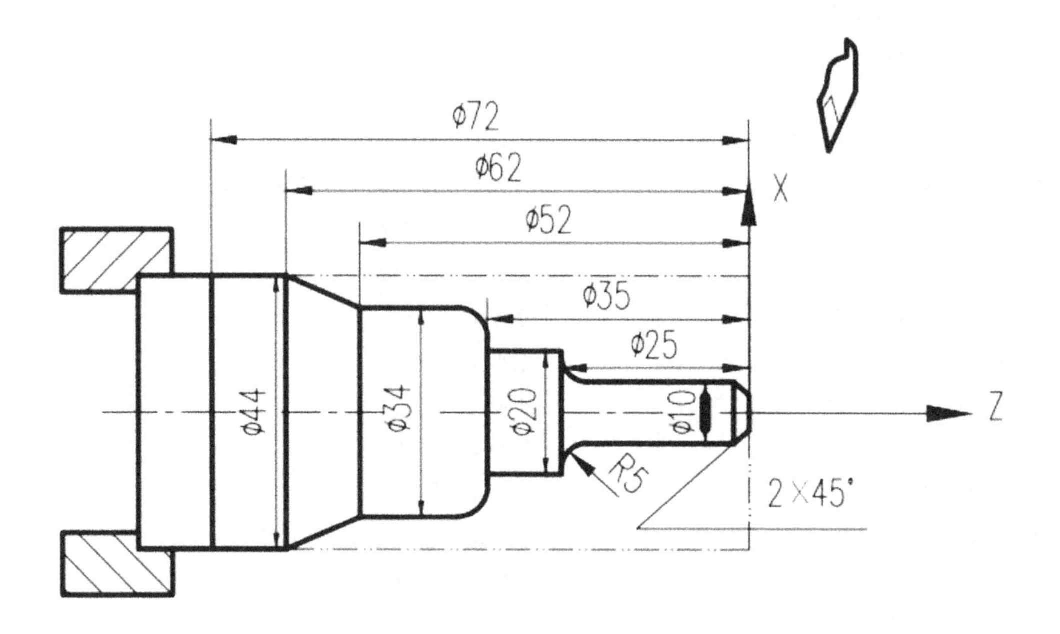

图 9.14　典型加工零件

加工程序单见表 9-15。

表 9-15　用外径粗车循环 G71 编写的加工程序

程　序	注　释
N010 G55 G00 X80 Z80	选定坐标系 G55，到程序起点位置
N020 S400 M03	主轴以 400r/mm 正转
N030 G01 X46 Z3 F120	刀具到循环起点位置
N040 G71 U1.5R1 P50 Q130 X0.2 Z0.2 F100	粗切量 1.5mm，精切量 X0.4mm，Z0.1mm
N050 G00 X0	精加工轮廓起始行，到倒角延长线
N060 G01 X10 Z-2	精加工 2×45°倒角
N070 Z-20	精加工 Φ10 外圆
N080 G02 U10 W-5 R5	精加工 R5 圆弧
N090 G01 W-10	精加工 Φ20 外圆
N100 G03 U14 W-7 R7	精加工 R7 圆弧
N110 G01 Z-52	精加工 Φ34 外圆
N120 U10 W-10	精加工外圆锥
N130 W-20	精加工 Φ44 外圆，精加工轮廓结束行
N140 X50	退出已加工面
N150 G00 X80 Z80	回对刀点
N160 M05	主轴停
N170 M30	主程序结束并复位

第 10 章　数控铣床编程

10.1　坐标系和编程零点

10.1.1　机床坐标系

数控铣床坐标系为右手迪卡儿坐标系，如图 9.1 所示。

三个坐标轴互相垂直。即以机床主轴轴线方向为 Z 轴，刀具远离工件的方向为 Z 轴正方向。X 轴位于与工件安装面相平行的水平面内，对于卧式铣床，人面对机床主轴，左侧方向为 X 轴正方向；对于立式铣床，人面对机床主轴，右侧方向为 X 轴正方向。Y 轴方向则根据 X、Z 轴按右手迪卡儿直角坐标系来确定。

10.1.2　工件坐标系与编程原点

工件坐标系是用来确定工件几何形体上各要素的位置而设置的坐标系，工件坐标系的原点即为工件零点也为编程原点。工件零点的位置是任意的，它是由编程人员在编制程序时根据零件的特点选定的。在选择工件零点的位置时应注意：

(1)工件零点应选在零件图的尺寸基准上，这样便于坐标系值的计算，并减少错误。

(2)工件零点尽量选在精度较高的工件表面，以提高被加工零件的加工精度。

(3)对于对称的零件，工件零点应设对称中心上。

(4)对于一般零件，工件零点设在工件外轮廓的某一角上。

(5)Z 轴方向的零点，一般设在工件表面。

10.2 常用功能编程方法

10.2.1 常用的辅助功能 M、主轴功能 S 及刀具功能

1. 常用的辅助功能(M 功能)

常用的辅助功能即 M 功能同数控车床相同。

2. 主轴功能(S 功能)

由地址码 S 及其随后的每分钟转数值表示主轴速度。

3. 刀具功能(T 功能)

刀具功能由随地址码 T 之后的 2 位数字指令表示选择的刀具号。

10.2.2 常用准备功能的编程方法

1. 与坐标系有关的指令

(1)尺寸指令(G90/G91)

同车床一样。

(2)坐标系指令(G92)

当用绝对尺寸编程时,必须建立一个坐标系,用来确定绝对坐标原点(又称编程原点),刀具在该坐标系下的位置可用 G92 指令设定:

G92 X-Y-Z-

X-Y-Z-为刀位点在工件坐标系中的初始位置。该指令把这个坐标寄存在数控系统的存储器内。

如 N05 G92 X30.0 Y30.0 Z20.0;执行此段程序只是建立在工件坐标系中刀具起点相对于程序原点的位置,刀具并不自动产生运动。刀具与程序原点之间的位置关系如图 10.1 所示。

(3)坐标系平面指令(G17、G18、G19)

右手直角迪卡儿坐标系的三个相互垂直的轴 X、Y、Z,分别构成三个平面,如图 10.2 所示,即 XY 平面、ZX 平面和 YZ 平面。对于三个坐标系的铣床加工中心,常用这些指令确定机床在哪个平面内进行插补运动。用 G17 表示在 XY 平面内加工;G18 表示在 ZX 平面内加工;G19 表示在 YZ 平面内加工。由于数控铣床大都在 X、Y 平面内加工,故 G17 可以省略。

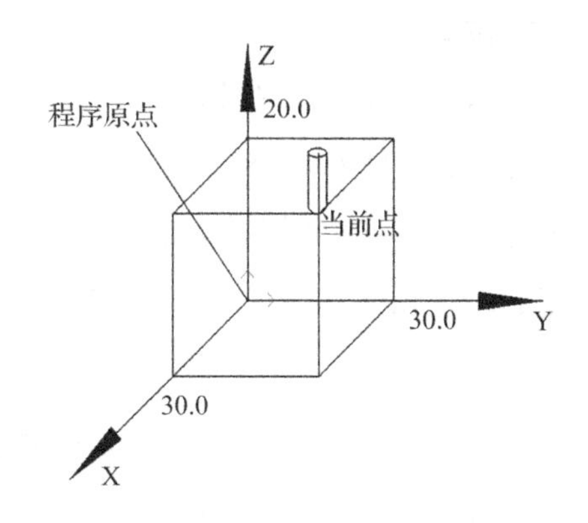

图 10.1　刀具与程序原点之间的位置关系

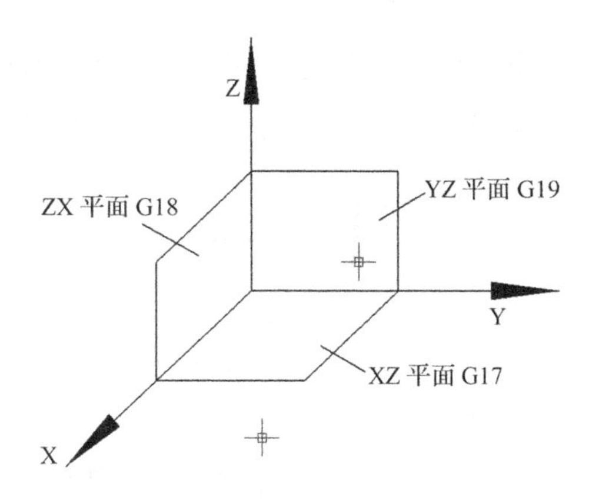

图 10.2　坐标系平面

2. 快速点定位指令(G00)

刀具以点位控制方式从当前所在位置快速移动到指令给出的目标位置，只能用于快速定位，不能用于切削加工。如 G00 X0 Y0 Z100。使刀具快速移动到(0,0,100)的位置。

一般用法：

G00 Z100;　　　　　　刀具快速移动到 z=100mm 高度的位置

X0 Y0;　　　　　　　刀具接着移动到工件原点的上方

注意：一般不直接用 G00 X0 Y0 Z100. 的方式，避免刀具在安全高度以下首先在 XY 平面内快速运动而与工件或夹具发生碰撞

3. 直线插补(G01)

刀具以一定的进给速度从当前所在位置沿直线移动到指令给出的目标位置。例如 G01 X10. Y20. Z20. F80. 使刀具从当前位置以 80mm/min 的进给速

度沿直线运动到(10,20,20)的位置。

一般用法:G01 为模态指令,有继承性,即如果上一段程序为 G01,则本段中的 G01 可以不写。X、Y、Z 坐标值也具有继承性,即如果本段程序的 X(或 Y 或 Z)坐标值与上一段程序的 X(或 Y 或 Z)坐标值相同,则本段程序可以不写 X(或 Y 或 Z)坐标。F 为进给速度,单位 mm/min,同样具有继承性。

4. 圆弧插补(G02、G03)

刀具在各坐标平面内以一定的进给速度进行圆弧插补运动,从当前位置(圆弧的起点)沿圆弧移动到指令的目标位置,切削出圆弧轮廓。G02 为顺时针圆弧插补指令,G03 为逆时针圆弧插补指令.

(1) 圆弧顺逆时针方向的判断

圆弧插补的顺逆可按图 10-3 给出的方向判断:沿圆弧所在平面(如 X,Y)的垂直坐标轴的负方向(-Z)看去,顺时针方向为 G02,逆时针方向为 G03。

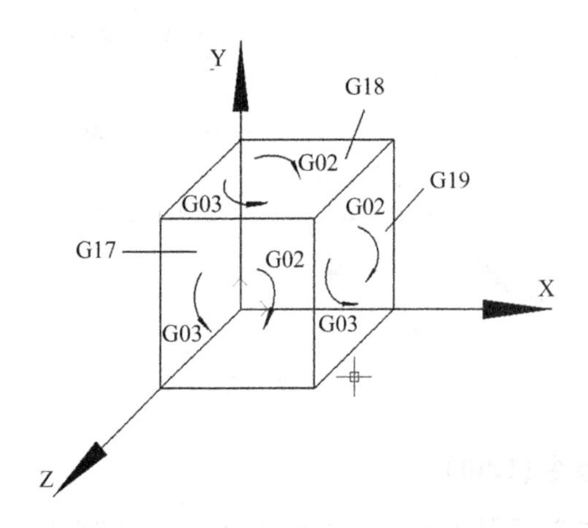

图 10.3 圆弧插补的顺逆方向判断

(2) G02/G03 的编程格式

一般用法:G02 和 G03 为模态指令,有继承性,继承方式与 G01 相同。G02 和 G03 与坐标平面的选择有关:G02 和 G03 有如下两种格式:

① G17G02X _ Y _ I _ J _ 或 G17G02X _ Y _ R _

G17G03X _ Y _ I _ J _ 或 G17G03X _ Y _ R _

② G18G02X _ Z _ I _ K _ 或 G18G02X _ Z _ R _

G18G03X _ Z _ I _ K _ 或 G18G02X _ Z _ R _

③ G19G02Y _ Z _ J _ K _ 或 G19G02Y _ Z _ R _

G19G03Y _ Z _ J _ K _ 或 G19G03Y _ Z _ R _

(3)说明

① 格式中 X、Y、Z:圆弧终点坐标。采用绝对值编程时,圆弧终点坐标为圆弧终点在工件坐标系中的坐标值,用 X、Y、Z 表示;当采用增量值编程时,圆弧终点坐标为圆弧终点相对于圆弧起点的增量值。

② I、J、K:圆心在 X、Y、Z 轴上相对于圆弧起点的坐标;

③ 圆弧半径 R:当用半径指定圆心位置时,由于在同一半径 R 的情况,从;圆弧的起点到终点有两个圆弧的可能性,为区别两者,规定圆心角≤180^0 时,用 +R 表示,如图 10.4 中的圆弧 1;圆心角>180^0 时,用-R 表示,如图 10.4 中的圆弧 2。

圆弧段 1 程序:

由图可知 A,B 两点的坐标为 A(−40,−30),B(40,−30)。程序为:

```
G90 G02 X40 Y-30 R50 F100;
或G91 G02 X80 Y0 R50 F100;
```

G90 G02 X40 Y-30 R50 F100;

或 G91 G02 X80 Y0 R50 F100;

圆弧段 2 程序:

```
G90 G02 X40 Y-30 R-50 F100;
或G91 G02 X80 Y0 R-50 F100;
```

G90 G02 X40 Y-30 R-50 F100;

或 G91 G02 X80 Y0 R-50 F100;

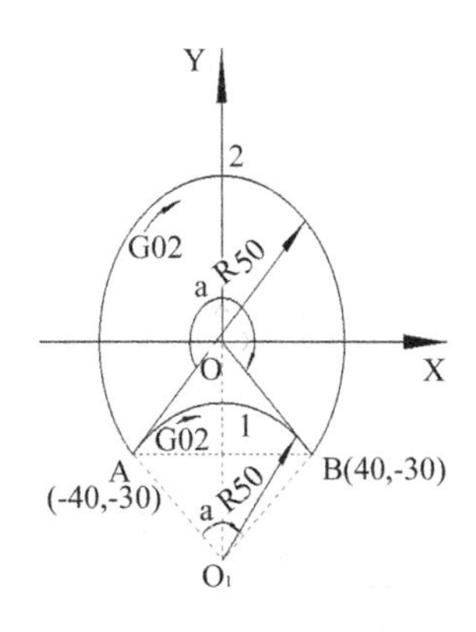

图 10.4 圆弧段的区分

10.2.3 刀具补偿的建立、执行与撤销

利用数控系统的刀具补偿功能,编程时不需要考虑刀具的实际尺寸,包括刀具半径及长度,而按照零件的轮廓计算坐标数据,有效简化了数控加工程序的编制。在实际加工前将刀具的实际尺寸输入到数控系统的刀具补偿值寄存器中(一般有16、32、64个)。在程序执行过程中,数控系统根据调用这些补偿值并自动计算实际的刀具中心运动轨迹,控制刀具完成零件的加工。当刀具半径或长度发生变化时,无须修改加工程序,只需修改刀具补偿值寄存器中的补偿值即可。

刀具补偿有一个建立、执行及撤销的过程,有一定的规律性和格式要求。需要注意的是,绝大部分的数控系统的刀具半径补偿只能在一个坐标平面中进行,刀具长度补偿只能在刀具的长度方向(Z坐标方向)进行,在四、五坐标联动加工时,刀具半径补偿和刀具长度补偿是无效的。

1. 刀具半径补偿的建立、执行与撤销(G41、G42、G40)

铣削加工的刀具半径补偿分别为刀具半径左补偿(G41)和刀具半径右补偿(G42),一般使用非零D代码确定刀具半径补偿值寄存器号,用G40取消刀具半径补偿。这是一组模态指令,缺省为G40。

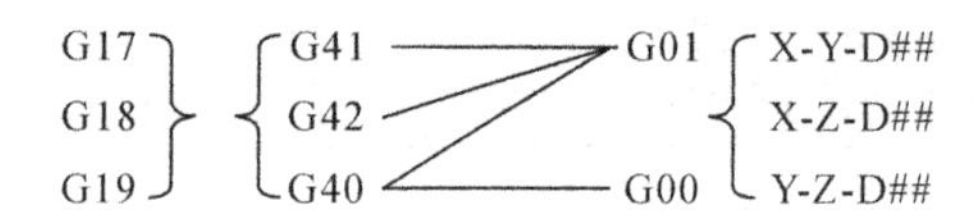

格式:

(1)刀具半径补偿的建立

如图10.5所示,刀具从位于工件轮廓外的开始点S以切削进给速度向工件运动并到达切入点O,程序数据给出的是开始点S和工件轮廓上切入点O的坐

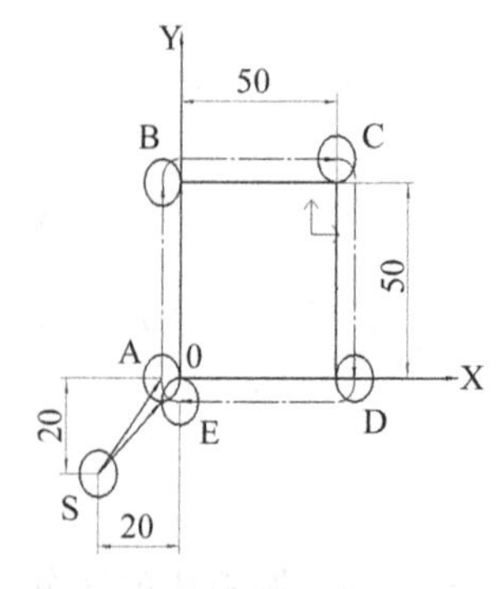

图10.5 刀具半径补偿的建立

标，而刀具实际是运动到距离切入点一个刀具半径的点A，即到达正确的切削位置，建立刀具半径补偿。刀具半径补偿的运动指令使用G00或G01与G41或G42的组合，并指定刀具半径补偿值寄存器号。

程序如下：

```
    N05  G00 G90 X-20 Y-20              （刀具运动到开始点 S）
    N10  G17 G01 G41 X0 Y0 D01 F200    （在 A 点切入工件，建立刀具左补偿，刀具
半径补偿值储存在 01 好寄存器中）
    或
    N10  G17 G01 G42 X0 Y0 D01 F200    （在 E 点建立刀具右补偿）
```

(2)刀具半径补偿的执行

除非用G40取消，一旦刀具半径补偿建立后就一直有效，刀具始终保持正确的刀具中心运动轨迹。程序如下：

```
    N05  X0 Y50        (A→B)
    N10  X50 Y50       (B→C)
    N15  X50 Y0        (C→D)
    N20  X0 Y0         (D→E)
    或
    N05  X50 Y0        (E→D)
    N10  X50 Y50       (D→C)
    N15  X0 Y50        (C→B)
    N20  X0 Y0         (B→A)
```

(3)刀具半径补偿撤销

当工件轮廓加工完成，要从切出点E或A回到开始点S，这时就要取消刀具半径补偿，恢复到未补偿的状态，程序如下：

```
    N25  G01 G40 X-10 Y-10
```

需要说明的是，G41或G42必须与G40成对使用，否则程序不能正确执行。

2. 刀具长度补偿的建立、执行与撤销(G43、G44、G49)

使用刀具长度补偿功能，在编程时不考虑刀具在机床主轴上装夹的实际长度，而只需在程序中给出刀具端刃Z坐标，具体的刀具长度由Z向对刀来协调。

刀具长度补偿分为刀具长度正补偿或离开工件补偿(G43)和刀具长度负补偿或趋向工件补偿(G44)，使用非零的H代码确定刀具长度补偿值寄存器号。取消刀具长度补偿用G49。

刀具长度补偿也有刀具长度补偿的建立、执行和撤销等三个过程，与刀具半径补偿的相类似。

刀具长度补偿的格式：

G43 Z __ H __

G44 Z __ H __

G43 为刀具长度正补偿。

G44 为刀具长度负补偿。

Z 目标点坐标。

H 刀具长度补偿值的存储地址。补偿量存入由 H 代码指令的存储器中。

使用 G43、G44 时，不管用绝对尺寸还是用增量尺寸指令编程，程序中指定的 Z 轴移动指令的终点坐标值，都要与 H 代码指令的存储器中的偏移量进行运算。G43 时相加，G44 时相减，然后把运算结果作为终点坐标值进行加工。G43、G44 均为摸态代码。

G49 为撤销刀具长度补偿指令，指令刀具只运行到编程终点坐标。

例如，刀具长度偏置寄存器 H01 中存放的刀具长度值为 11，对于数控铣床，执行语句 G90 G01 G43 Z-15.0 H01 后，刀具实际运动到 Z(－15.0＋11)＝Z－4.0位置：如果该语句改为 G90 G01 G44 Z-15.0 H01，则执行该语句后，刀具实际运动到 Z(－15.0－11)＝Z－26.0 的位置。

3. 刀具补偿的运用

(1)刀具补偿值是刀具的实际尺寸，如铣刀的半径，铣刀的长度。所以因磨损、重磨或换新刀而引起刀具直径或长度改变后，不必修改程序，只需在刀具参数设置中输入变化后的刀具直径和长度。

(2)同一程序中，对同一尺寸的刀具，利用刀具补偿，可进行粗精加工。如刀具半径为 r 精加工余量为△。粗加工时输入刀具直径 D＝2(r＋△)，则加工出点画线轮廓；精加工时，用同一程序，同一刀具，但输入刀具直径 D＝2r，则加工出实线轮廓。如图 10.6 所示。

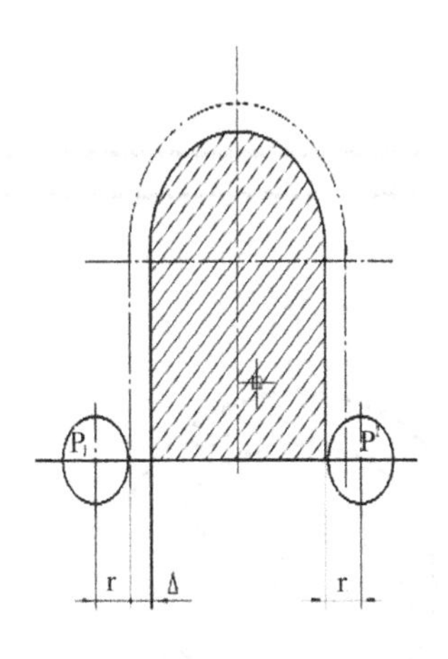

图 10.6　刀具补偿

10.3　铣削编程举例

10.3.1　铣削编程盖零件

【例】图 10.7 所示的是一盖零件。

该零件的毛坯是一块 180mm×90mm×12mm 板料，要铣削成图粗实线所示的外形可知，各已加工完，各边都留有 5mm 的铣削留量。铣削以其底面和 2ϕ10H8孔定位，从ϕ60mm 孔对工件进行压紧。在编程时，工件坐标系原点定在工件左下角 A 点(如图 5-23 所示)，现以ϕ10mm 立铣刀进行轮廓加工，对刀点在工件坐标系中的位置为(−25,10,40)，刀具的切入点为 B 点，刀具中心的走刀路线为：对刀点 1-下刀点 2-b-c-c′…-下刀点 2-对刀点 1.

各基点及圆心点坐标如下：

A(0,0)　B(0,40)　C(14.96,70)　D(43.54,70)

E(102,64)　F(150,40)　G(170,40)　H(170,0)

O_1(70,40)　O_2(150,100)

依据以上数据和 FA. UC-BESK6ME 系统的 G 代码进行编程，加工程序如下：

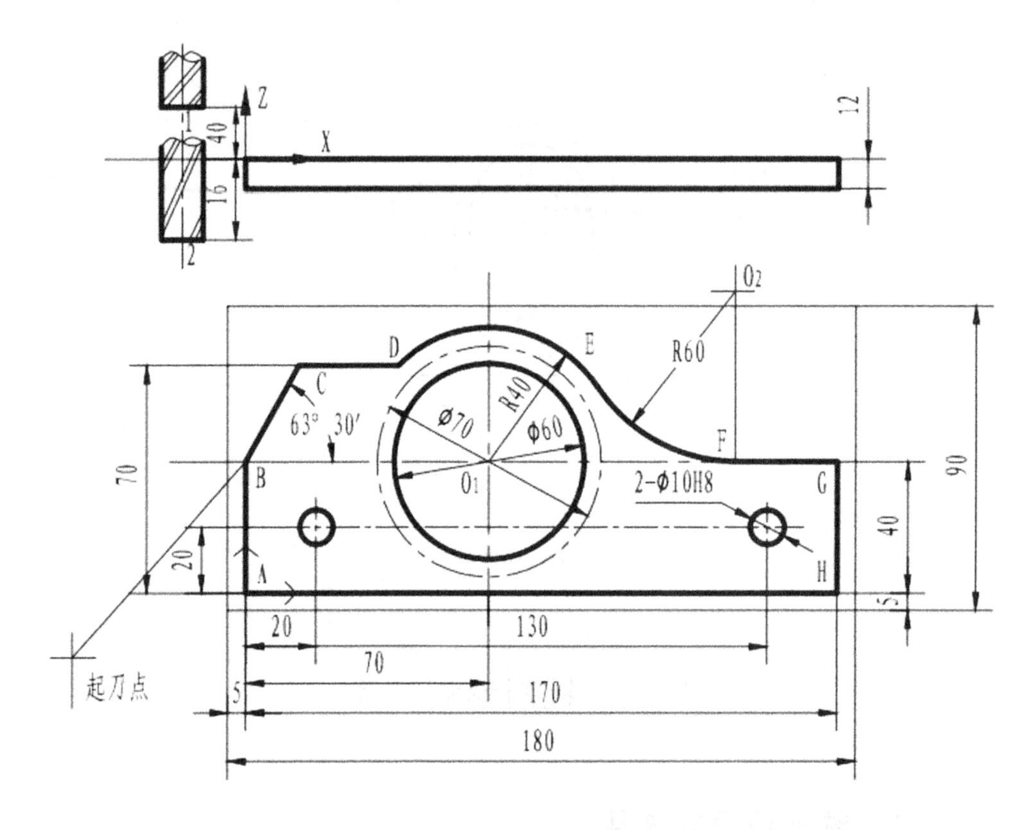

图 10.7　盖零件

(1)按绝对坐标编程

```
O0001
N05 G92 X-25.0 Y10.0 Z40.0;
N10 G90 G00 Z-16.0 S300 M03;
N15 G41 G01 X0 Y40.0 F100 D01 M08;
N20 X14.96 Y70.0;
N25 X43.54;
N30 G02 X102.0 Y64.0 I26.46 J-30.0;
N35 G03 X150.0 Y40.0 I48.0 J36.0;
N40 G01 X170.0;
N45 Y0;
N50 X0;
N55 Y40;
N60 G00 G40 X-25.0 Y10.0 Z40.0 M09;
N65 M30;
```

(2)按增量坐标编程

```
O0002
N05 G92 X-25.0 Y10.0 Z40.0;
N10 G00 Z-16.0 S300 M03;
N15 G91 G41 G01 X25.0 Y30.0 F100 D01 M08;
N20 X14.96 Y30.0;
N25 X28.58 Y0;
N30 G02 X58.46 Y-6.0 I26.46 J-30.0;
N35 G03 X48.0 Y-24.0 I48.0 J36.0;
N40 G01 X20.0;
N45 Y-40.0;
N50 X-170.0;
N55 Y40;
N60 G00 G40 X-25.0 Y-30.0 Z56.0 M09;
N65 M30;
```

10.3.2　铣销 T 字形凹槽

使用子程序和可编程零点偏置功能，编写图 10.8 所示零件上三个“T”字形凹槽的加工程序。

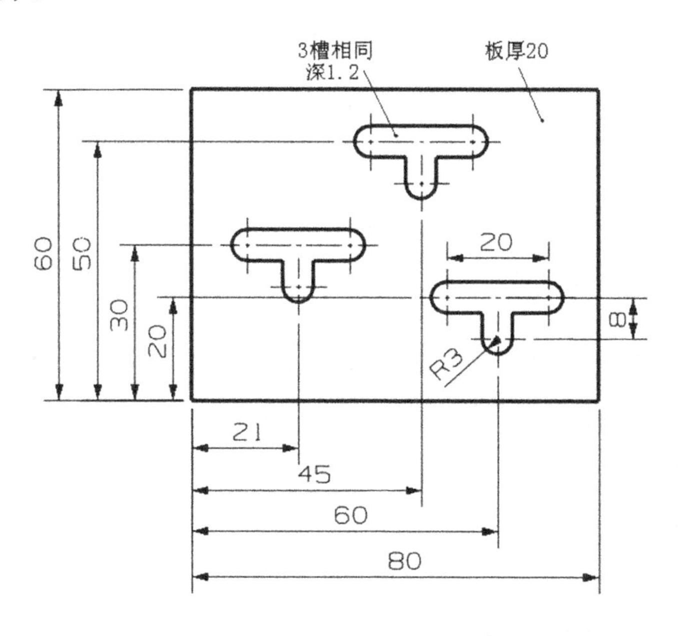

图 10.8　带三个“T”字形凹槽的零件

1. 工艺设计

槽深较浅，采用一次加工到尺寸，并采用垂直下刀方式；槽宽由刀具直径直接保证，所以选择的加工刀具为ϕ6 键槽铣刀。

编程原点选择在零件上表面的左下角点处，与零件设计基准统一。

主轴转速 600 转/分钟，工进速度 50mm/分钟。

2. 走刀路线

安全高度为 100mm，接近高度 2mm，槽深 1.2mm。

由于槽宽是由刀具直径保证的，所以图中槽的中心线就是加工轨迹，因为各槽形状和尺寸相同，采用子程序编程，各槽的分布不具有规律，需使用可编程零点偏置功能重新为将各槽编程新的局部坐标系后才能调用子程序。

子程序的走刀路线图如图 10.9 所示。P0 是第一个下刀点，切削进给至 P1 点后抬刀至接近高度，然后快速移动至 P2，P2 点是第二个下刀点，切削进给至 P3 点后抬刀结束槽的加工。

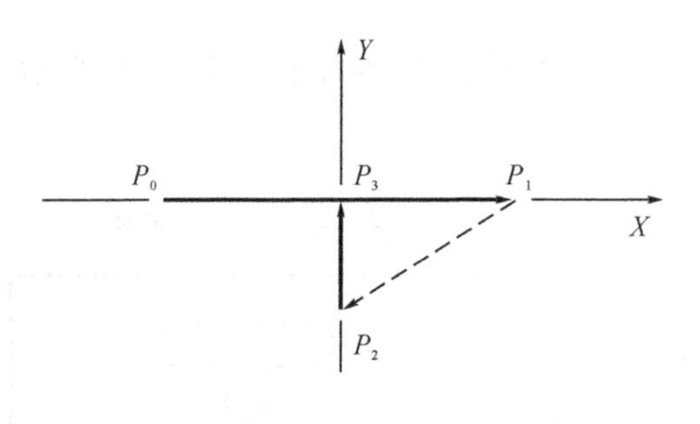

图 10.9

3. 数值计算

由于是在使用可编程零点偏置功能后，再调用子程序，子程序可以绝对尺寸编程，各基点的坐标为当前局部坐标系内的绝对坐标值，因此计算变得简单，故计算过程省略。

4. 编写程序

主程序：

```
N5  G54  G90  G17  F50  S500  T1  M3  ; 设定工艺参数
N10  G158  X21  Y30                   ; 零点偏置至第一个局部坐标系原点
N15  TSLOT                            ; 第一次调用 TSLOT 子程序
N20  G158  X45  Y50                   ; 零点偏置至第一个局部坐标系原点
N25  TSLOT                            ; 第二次调用 TSLOT 子程序
N30  G158  X60  Y20                   ; 零点偏置至第一个局部坐标系原点
N35  TSLOT                            ; 第三次调用 TSLOT 子程序
N40  G158                             ; 取消可编程零点偏置
N45  G0  Z150                         ; 抬刀至安全高度
N50  M5                               ; 主轴停
N55  M2                               ; 程序结束
```

子程序：

```
TSLOT.SPF(子程序名)
N100  G0  X-10  Y0              ; 快速移动至第一个下刀点
N105  Z2                        ; 快速下刀至接近高度
N110  G1  Z-1.2                 ; 慢速下刀至槽深
N115  X10  F50                  ; 加工横向槽
N120  G1  Z2                    ; 抬刀至接近高度
N125  X0  Y-8                   ; 快速移动至第二个下刀点
N130  G1  Z-1.2                 ; 慢速下刀至槽深
N135  X0                        ; 加工纵向槽
N140  G1  Z2                    ; 抬刀至接近高度
N145  RET                       ; 子程序返回
```

10.3.3　凹槽的铣销加工

子程序和可编程坐标轴旋转功能，编写图 10.10 所示环形零件上 8 个凹槽的加工程序。

1. 工艺设计

槽深一次加工到尺寸，采用斜向下刀方式；刀具半径不得大于凹槽上最小圆角半径，选择加工刀具为$\phi 6$ 立铣刀。

编程原点是零件上表面和轴线的交点。

主轴转速 500 转/分钟，工进速度 30mm/分钟。

2. 走刀路线

由于采用子程序和可编程坐标轴旋转功能编程，只须设计出处于位置上的凹槽的走刀路线，如图 10.11 所示。

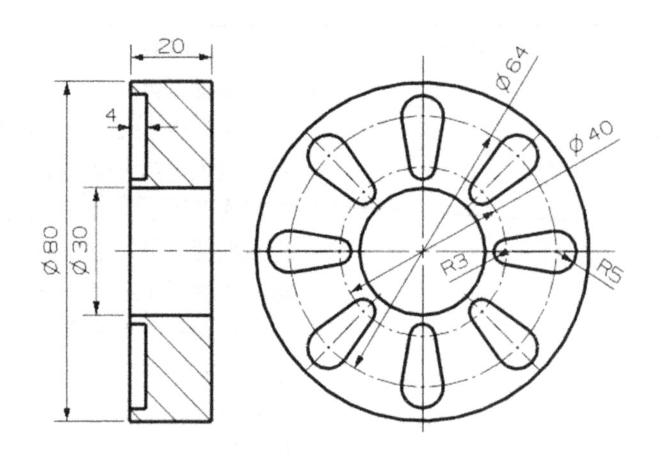

图 10.10　带有 8 个凹槽的零件

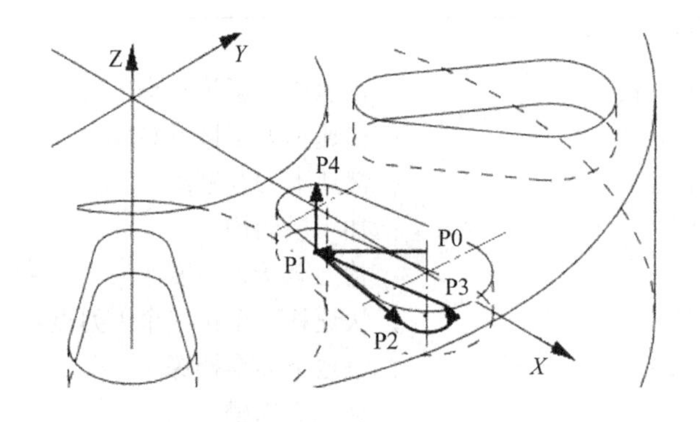

图 10.11　走刀路线

图中，P0 点为调用子程序的起点，P0 至 P1 点为斜向下刀，P4 是抬刀点，也是子程序返回时所在的位置。

3. 数值计算

在上述走刀路线中，基点 P2、P3 的坐标值需计算。如图 10.12 所示，要得到 P2、P3 两点的 XY 坐标，需求出线段 *BC* 和 *CD* 的长度。

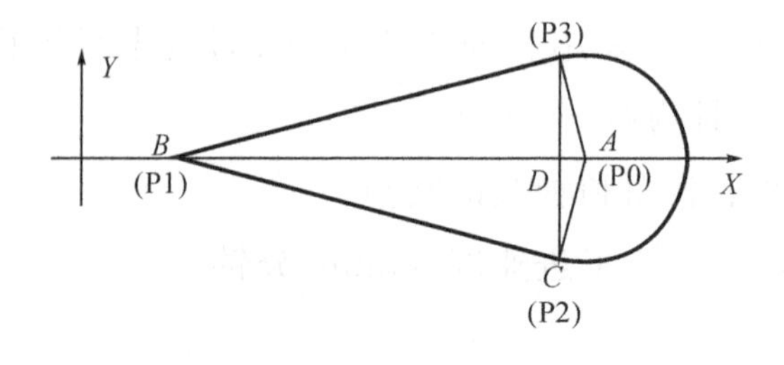

图 10.12　计算 P2、P3 的坐标值

在图形中已知：$AB=12 \quad AC=2$

求解：$BC=\sqrt{AB^2-AC^2}=\sqrt{12^2-2^2}=11.832$

$\because \frac{BD}{BC}=\frac{BC}{AB} \qquad \therefore BD=\frac{BC^2}{AB}=\frac{11.832^2}{12}=11.67$

$\because \frac{CD}{BC}=\frac{AC}{AB} \qquad \therefore CD=\frac{AC*BC}{AB}=\frac{2\times 11.832}{12}=1.97$

$X_1=X_3=X_1+BD=20+11.67=31.67$

$Y_2=-CD=-1.97 \quad Y_3=+CD=+1.97$

4. 编写程序

主程序：

```
N5 G54 G90 G17 S500 F30 T1 M3        ；设定工艺参数
N10 G0 X0 Y0 Z150                    ；快速移动至安全高度
N15 SUB P8                           ；调用 8 次 SUB.SPF 子程序
N20 G259                             ；取消可编程序坐标轴旋转
N35 G0 Z150                          ；快速抬刀至安全高度
N40 M5                               ；主轴停
N45 M2                               ；程序结束
```

子程序：

```
SUB.SPF（子程序名）
N100 G0 X24 Y0 Z2                    ；快速移动至下刀点
N105 G1 X20 Z-4                      ；斜向下刀
N110 X31.67 Y-1.97                   ；切削槽的侧壁
N115 G3 Y1.97 CR=-2
N120 G1 X20 Y0
N125 Z2                              ；抬刀至接近高度
N130 G259 RPL=22.5                   ；附加坐标轴旋转为下次调用作准备
N135 RET                             ；子程序返回
```

10.3.4　组孔的铣销

编写图 10.13 所示零件上 10×ϕ10 和 6×ϕ12 两组孔的加工程序。

1. 零件分析

孔一般根据加工精度要求的不同，其加工方法分为钻、扩、镗、铰等，本例的图中未给出精度要求，按一般情况，采用钻孔，但不论最终的加工方法如何，都应先加工出中心孔，以保证孔的位置精度。

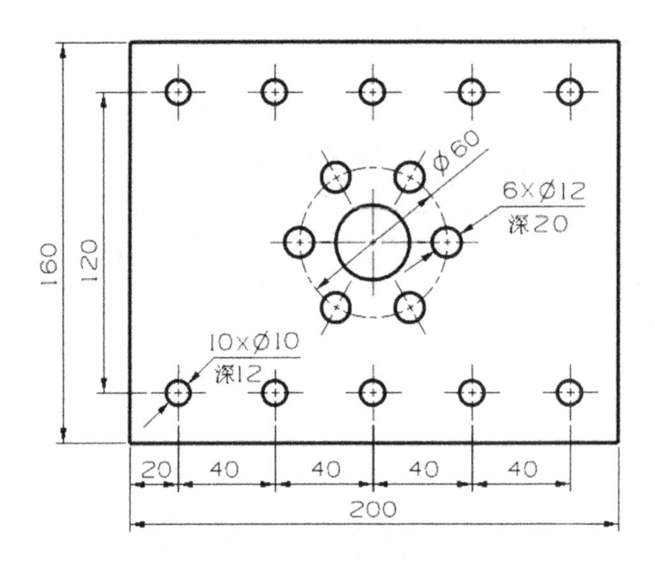

图 10.13　带有两组孔的零件

2. 工艺设计

零件装夹方式:平口虎钳。

编程零点:以零件上表面的对称中心点为编程零点。

工步 1:加工 10×φ10 和 6×φ12 两组孔的中心孔,刀具 T1 为φ2.5 中心钻,主轴转速 500 转/分钟,进给速度 5mm/分钟;

工步 2:加工 6 个φ12 孔,刀具 T2 为φ12 钻头,主轴转速 200 转/分钟,进给速度 20mm/分钟,钻尖高度约 4mm;

工步 3:加工 10 个φ10 孔,刀具 T3 为φ10 钻头,主轴转速 300 转/分钟,进给速度 20mm/分钟,孔深应考虑钻尖高度约 3mm。

3. 走刀路线

10 个φ10 孔使用两次线性孔排列循环,分上下两条直线排列,都以最左端的孔为第一个被加工的孔。

6 个φ12 孔使用一个圆弧孔排列循环。

4. 编写程序

```
N5 G54 G90 G17 G0 F10 S300 T1 M3       ；设定工艺参数
N10 X0 Y0 Z150                        ；刀具回循环起点
R101=50 R102=2 R103=0 R104=-5 R105=0 ；设定钻孔循环参数
R115=82 R116=-80 R117=-60 R118=0      ；设定孔排列循环参数
R119=5 R120=0 R121=40
N15 LCYC60          ；调用线性钻孔循环加工下边的 5 个孔的中心孔
N20 R117=60         ；改变钻孔循环参数
N25 LCYC60          ；再次调用线性钻孔循环加工上边的 5 个孔的中心孔
R116=0 R117=0 R118=30 R119=6          ；调整孔排列循环参数
R120=0 R121=0
N30 LCYC61          ；调用圆周孔排列循环加工中间的 6 个孔的中心孔
N35 M5                                ；主轴停
N40 G0 Z150                           ；抬刀至安全高度
N45 T2 M6                             ；换刀，T2 为φ12 钻头
N50 S200 M3                           ；主轴正转
R104=-24                              ；改变钻孔循环深度参数
N55 LCYC61          ；调用圆周孔排列循环加工 6 个φ12 的孔
N60 M5                                ；主轴停
N65 G0 Z150                           ；抬刀至安全高度
N70 T3 M6                             ；换刀，T3 为φ10 钻头
N75 S300 M3                           ；主轴正转
R104=-15                              ；改变钻孔循环参数
R116=-80 R117=-60 R118=0     ；设定孔排列循环参数
R119=5 R120=0 R121=40
N80 LCYC60                   ；调用线性钻孔循环加工下边的 5 个φ10 的孔
R117=60                      ；调整孔排列循环参数
N85 LCYC60                   ；调用线性钻孔循环加工上边的 5 个φ10 的孔
N90 G0 Z150                  ；抬刀至安全高度
N95 M5                       ；主轴停
N100 M2                      ；程序结束
```

10.3.5 综合案例

加工图 10.14 所示零件，毛坯尺寸 120×80×32，材料为铝合金。机床所能安装的最大刀具的直径为φ16。

1. 零件分析

该零件的所需加工的部位有：上表面、两侧的台阶、中间的一个φ15 的孔、

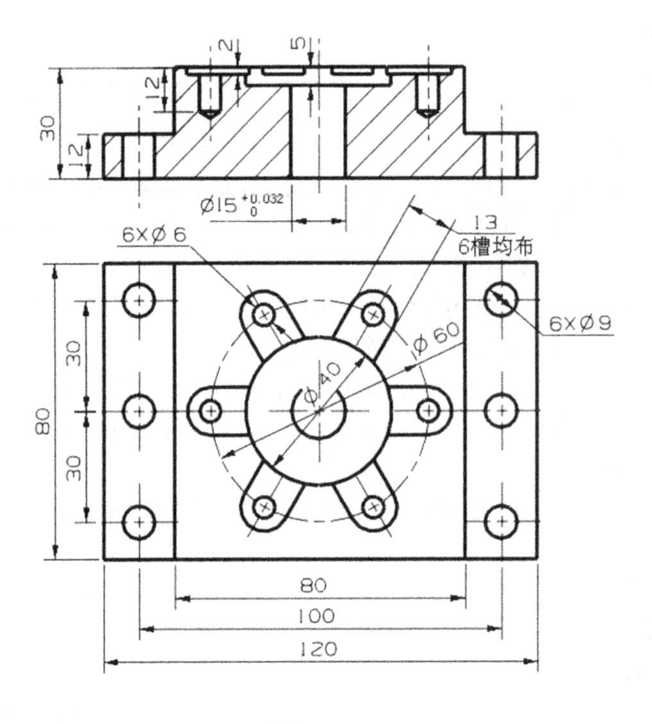

图 10.14

ϕ40 的圆形凹槽、6 个宽度为 13 的直槽和槽底的 6×ϕ6 深 12 的孔、以及两侧台阶上的 6×ϕ12 的通孔。

上表面的余量不大，高度尺寸可一次加工到位；面积较大，水平方向可采用单向或双向平行切削方式，单向切削刀纹一致但空走刀较多，双向切削效率较高；可采用增量尺寸与子程序编程。

两侧台阶的深度方向与水平方向的加工余量都较大，都应采用分层切削的方式，为减少程序长度，可采用子程序嵌套的方式编程。

6×ϕ12 和 6×ϕ6 的孔可使用孔排列循环；中间的ϕ15 的孔的精度较高，最终加工方法采用镗孔；所有孔都要先加工出中心孔。

中间的ϕ40 圆形凹槽可利用ϕ15 孔作为预钻孔，深度方向可一次加工到尺寸，水平方向的轮廓余量较大，采用同廓方式进行粗加工，精加工时采用圆弧切入切出的进退刀方式和刀具半径补偿功能，提高加工精度。

6 个宽度为 13 的直槽沿圆周均布，为减少数值计算的工作量和难度，可利用子程序和可编程坐标轴旋转功能编程，也不必计算其与ϕ40 的圆槽的交点坐标。在加工直槽的过程中存在半径为 R6.5 的小圆弧段，在半径补偿过程中为保证切削进给速度恒定，可使用圆弧进给补偿功能。

2. 工艺设计

（1）零件的装夹方式。根据零件的结构特点，采用平口虎钳装夹，保证所有加工部位无干涉。零件上下表面与机床工作台平行，零件长边与机床 X 坐标轴平行。

（2）编程零点。因为零件前后、左右对称，为便于找正和测量，将零件上表面中心处设为编程零点。这一点也是零件的设计基准和尺寸基准，因此也使得程序中的数值计算相对简单一些。

（3）工步安排与刀具：以所使用的刀具、加工的部位的不同以及粗精加工来划分工步，见表 10-1：

表 10-1

工步	内容	刀具	刀号	主轴转速（转/分钟）	进给速度（mm/分钟）
1	铣上表面	ϕ16 立铣刀	T1	300	100
2	铣两侧台阶	ϕ16 立铣刀	T1	300	100
3	钻中心孔	ϕ2.5 中心钻	T2	600	30
4	钻 6×ϕ12 孔	ϕ12 钻头	T3	350	60
5	钻 6×ϕ6 孔	ϕ6 钻头	T4	500	100
6	钻ϕ15 孔的底孔	ϕ14 钻头	T5	300	50
7	镗孔	微调镗刀	T6	300	30
8	粗铣ϕ40 圆槽	ϕ10 立铣刀	T7	400	30
9	精铣ϕ40 圆槽	ϕ10 立铣刀	T7	400	60
10	铣 6 个直槽	ϕ10 立铣刀	T7	400	60

3. 走刀路线设计与数值计算

工步 1：铣上表面

走刀路线如图 10-15 所示，安全高度 150，接近高度 5，加工高度 0。在加工区域外垂直下刀，沿零件长度方向切削，步距为 9mm。图中 P0 点是下刀点，P0→P4 轨迹重复了四次，可用子程序编程，调用四次即可将整个上表面加工完成；

数值计算：

P0 点需计算绝对坐标，由图可知：

$$X_0=-(\text{零件总长}/2)-10=-(120/2)-10=-70$$

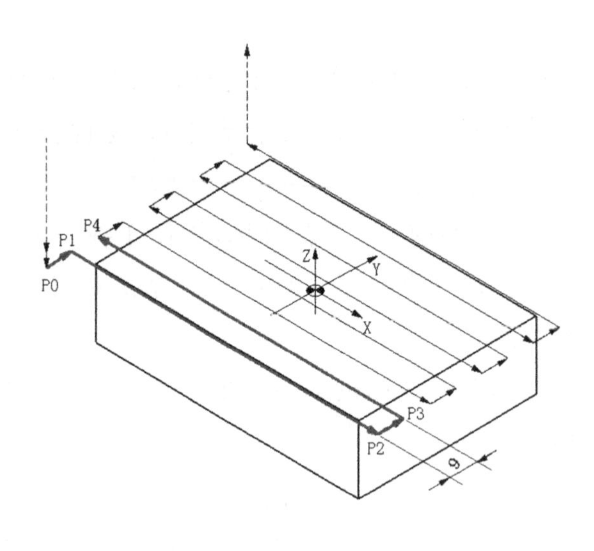

图 10-15

$$Y_0 = -4.5 \times 步距 = -4.5 \times 9 = -40.5$$

P1 点的增量坐标为：

$$\triangle X_1 = 0 \qquad \triangle Y_1 = 9$$

P2 点的增量坐标为：

$$\triangle X_2 = 零件总长 + 2 \times 10 = 140 \qquad \triangle Y_2 = 0$$

P3 点的增量坐标为：

$$\triangle X_3 = 0 \qquad \triangle Y_3 = 9$$

P4 点的增量坐标为：

$$\triangle X_4 = -140 \qquad \triangle Y_4 = 0$$

工步 2:铣两侧台阶

由于台阶的加工深度和侧壁余量都较大，在深度和轮廓方向都采用分层切削。深度方向分三层，每层 6mm，不留余量；轮廓方向分两层粗加工和一层精加工，粗加工步距为 4.5mm，精加工余量为 1mm。采用子程序编程，图 10-16 为最低一级子程序的走刀路线图，P5→P6 为下刀轨迹，长度为每层切深 6mm；P7→P8 段为切削轨迹，粗加工采用刀心轨迹编程，两端应考虑切入切出量，切入切出延长量应大于刀具半径，取值 10mm；P6→P7、P8→P9 分别为水平进退刀，进退刀量取 10mm。

按图 10-16 的轨迹编写第三级子程序，在第二级子程序中先重复调用第三级子程序三次将台阶加工到深度尺寸，见图 10-17，之后向 +X 方向移动一个步距 4.5mm 后再调用第三级子程序三次，即可完成左侧台阶的粗加工，见图 10-18。

台阶的精加工一次加工到深度，也采用水平进退刀，进退刀量取 16mm，切削段使用刀具半径补偿功能，切入切出各延长 10mm。走刀路线较简单，故省略。

右侧的走刀路线可以有两种方式实现：一种是重新设计一个与左侧路线相对称的走刀路线，另一种是使用 G258 指令将坐标系旋转 180 度，使用与左侧相同的走刀路线，本例采用的是后一种方式。

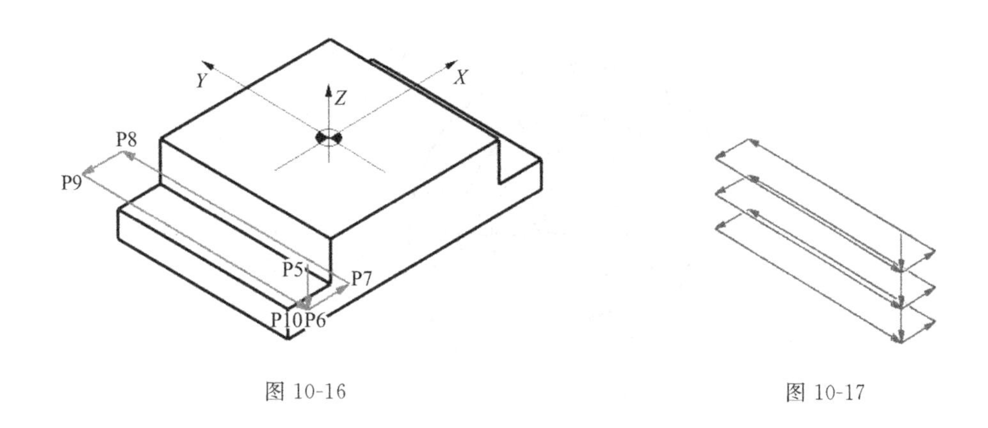

图 10-16　　　　图 10-17

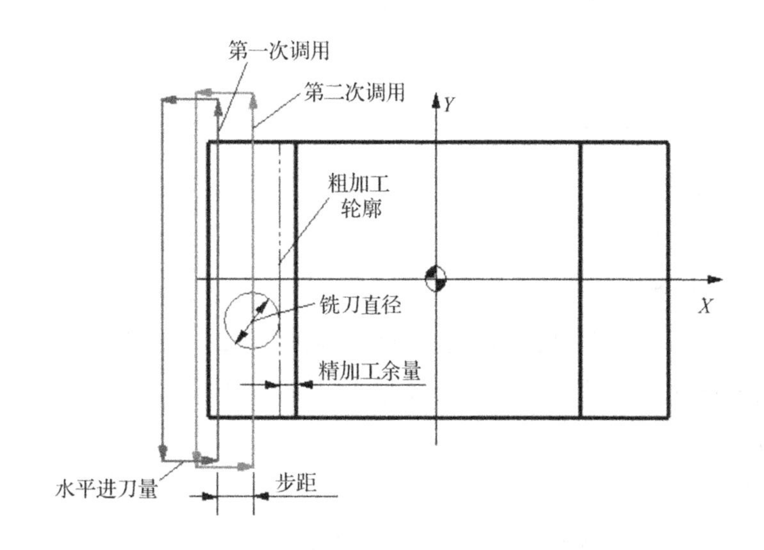

图 10-18

数值计算：

需要计算的基点坐标有：第一次调用子程序时的起点即 P5 点的绝对坐标

X_5 =－(80÷2)－精加工余量－铣刀半径－步距－水平进刀量

=－40－1－8－4.5－10=－63.5

Y_5 =－(80÷2)－切入延长量=－40－10=－50

工步 3～7:钻孔、镗孔

采用固定循环,走刀路线省略。

工步 8:粗铣圆槽

深度方向一次加工到尺寸,水平方向的粗加工分三层切削,步距为 4mm,并为精加工留余量 1mm。参见图 10-19。

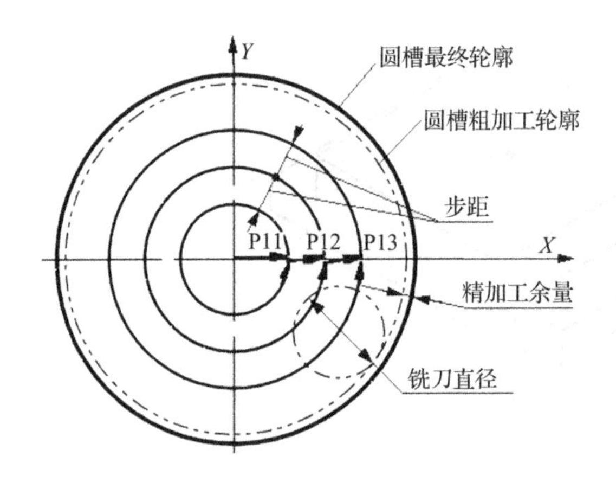

图 10-19

数值计算:

X_{13}=圆槽半径－精加工余量－铣刀半径=20－1－5=14

X_{12}=X_{13}－步距=14－4=10

X_{11}=X_{12}－步距=10－4=6

工步 9:精铣圆槽

为保证圆槽直径尺寸和表面质量,采用圆弧进退刀方式和刀具半径补偿功能,走刀路线如图 10-20 所示。O→P14 段插入刀具半径左补偿,P16→O 段取消刀具半径补偿。

数值计算:

X14=20－10=10 Y14=－10

X15=20 Y15=0

X16=10 Y16=10

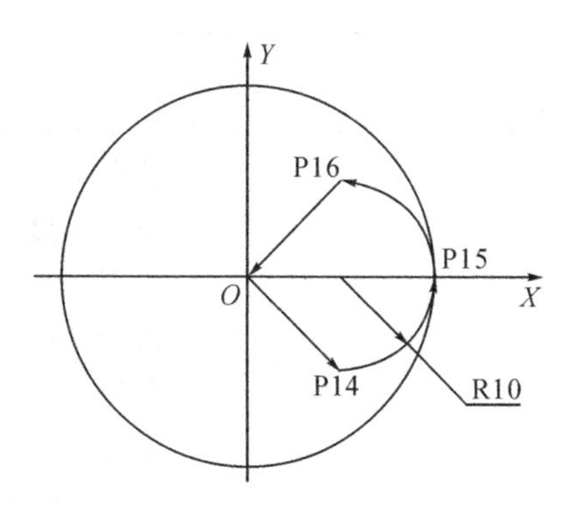

图 10-20

工步 10:铣 6 个直槽

利用子程序和可编程坐标轴旋转功能编程,只需设计一个直槽的走刀路线,如图 10-21

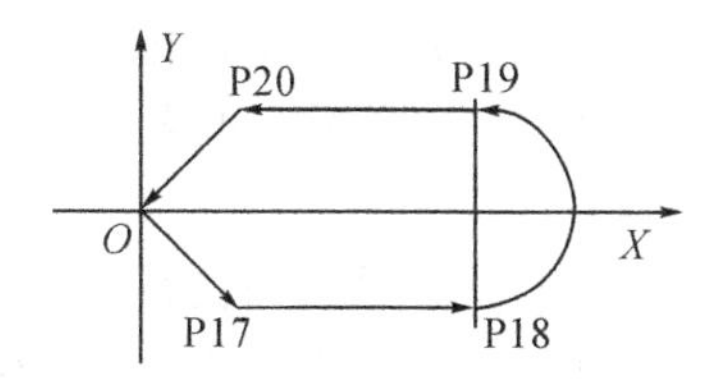

图 10-21

数值计算:由于采半径补偿功能,按轮廓编程计算较简单。

X17＝15	Y17＝－6.5
X18＝30	Y18＝－6.5
X19＝30	Y19＝6.5
X20＝15	Y20＝6.5

4. 编写程序

主程序:

```
N5 G54 G90 G17 F100 S300 T1 M3      ；设定工艺参数
N10 G0 X-70 Y-40.5                  ；移至下刀点上方
N15 Z5                              ；下刀至接近高度
N20 G1 Z0                           ；下刀至加工深度
N25 FACE P5                         ；调用子程序 FACE.SPF 加工上表面
N30 G90                             ；恢复绝对尺寸
N35 G0 Z100                         ；抬刀至安全高度
N40 STEP1                           ；调用子程序 STEP.SPF 加工左侧台阶
N45 G258 RPL=180                    ；坐标轴旋转 180 度
N50 STEP1                           ；调用子程序 STEP.SPF 加工右侧台阶
N55 G258                            ；取消坐标轴旋转
N60 M5                              ；主轴停
N65 T2 M6                           ；换刀，T2 为中心钻
N70 S600 M3                         ；主轴正转，转速 600r/min
N75 G0 X0 Y0 Z100                   ；移动至钻孔位置
  R101=50 R102=2 R103=0             ；设定钻孔参数
  R104=-5 R105=0
N80 LCYC82                          ；调用钻孔循环
  R115=82 R116=0 R117=0             ；设定圆弧孔排列循环参数
  R118=30 R119=6 R120=0 R121=0
N85 LCYC61                          ；调用圆弧孔排列循环
  R103=-18 R104=-23                 ；调整钻孔循环参数
  R116=-50 R117=-30 R118=0          ；设定线性孔排列循环参数
  R119=3 R120=90 R121=30
N90 LCYC60                          ；调用线性孔排列循环加工左侧 3 孔的中心孔
  R116=50                           ；调整线性孔排列循环参数
N95 LCYC60                          ；调用线性孔排列循环加工右侧 3 孔的中心孔
N100 M5                             ；主轴停
N105 T3 M6                          ；换刀，T3 为 φ12 钻头
N110 F60 S350 M3                    ；主轴正转
  R104=-35                          ；改变孔深参数
N115 LCYC60                         ；加工右侧 3 孔到尺寸
  R116=-50                          ；调整孔排列循环参数
N120 LCYC60                         ；加工左侧 3 孔到尺寸
N125 M5                             ；主轴停
N130 T4 M6                          ；换刀，T4 为 φ6 钻头
N135 F100 S500 M6                   ；主轴正转
  R103=0 R104=-14                   ；调整钻孔参数
```

```
  R116=0 R117=0 R118=30       ；调整孔排列循环参数
  R119=6 R120=0 R121=0
N140 LCYC61                   ；调用圆弧孔排列循环加工 6 个 φ6 的孔
N145 M5                       ；主轴停
N150 T5 M6                    ；换刀，T5 为 φ14 钻头
N155 F50 S300 M3              ；主轴正转
  R104=-38                    ；改变孔深参数
N160 LCYC82                   ；调用钻孔循环
N165 M5                       ；主轴停
N170 T6 M6                    ；换刀，T6 为镗刀
N175 F30 S300 M5              ；主轴正转
  R101=50 R102=3 R103=0       ；设定镗孔循环参数
  R104=-32 R105=0 R107=30 R108=-60
N180 LCYC85                   ；调用镗孔循环
N185 M5                       ；主轴停
N190 T7 M6                    ；换刀，T7 为 φ10 立铣刀
N195 S400 M3                  ；主轴正转，准备粗加工圆槽
N200 G0 X0 Y0                 ；快速移动至下刀点上方
N205 Z3                       ；快速下刀至接近高度
N210 G1 Z-5                   ；下刀至加工深度
N220 X6                       ；水平进刀
N225 G3 I6                    ；粗加工第一层
N230 G1 X10                   ；水平进刀
N235 G3 I10                   ；粗加工第二层
N240 G1 X14                   ；水平进刀
N245 G3 I14                   ；粗加工第三层
N250 G1 X0                    ；回坐标原点，准备精加工圆槽
N255 G41 X10 Y-10             ；刀具半径左补偿
N260 G3 X20 Y0 CR=10          ；圆弧切入
N265 G3 I20                   ；精加工圆槽
N270 G3 X10 Y10 CR=10         ；圆弧切出
N275 G1 G40 X0 Y0             ；取消刀具半径补偿
N280 G0 Z-2                   ；抬刀至加工直槽深度
N285 SLOT P6                  ；调用 6 次 SLOT.SPF 子程序，加工 6 个直槽
N290 G295                     ；取消可编程坐标轴旋转
N295 G0 Z150                  ；抬刀至安全高度
N300 M2                       ；程序结束
```

子程序：

```
FACE.SPF（加工上表面子程序）
N500 G91 G0 Y9                ；增量尺寸，向 Y 轴移动一个步距
N505 G1 X140                  ；从左向右加工表面
N510 G0 Y9                    ；再向 Y 轴移动一个步距
N515 G1 X-140                 ；从右向左加工表面
RET                           ；子程序返回

STEP1.SPF（加工台阶的第二级子程序）
N600 G90 G0 X-63.5 Y-50       ；快速移动至 STEP2 子程序第一个调用点上方
N605 Z3                       ；快速下刀至接近高度
N610 G1 Z0                    ；下刀至调用点
N615 STEP2 P3                 ；调用 STEP2.SPF 子程序 3 次
N620 G90 G0 X-53.5 Y-50 Z0    ；快速移动至 STEP2 子程序第二个调用点
N625 STEP2 P3                 ；调用 STEP2.SPF 子程序 3 次
N630 G90 G0 Z100              ；抬刀
RET                           ；子程序返回

STEP2.SPF（加工台阶的第三级子程序）
N700 G91                      ；增量尺寸方式
N705 G1 Z-6                   ；下刀每层深度
N710 X10                      ；水平进刀
N715 Y100                     ；切削侧壁轮廓
N720 X-10                     ；水平退刀
N725 G0 Y-100                 ；返回下刀点
RET                           ；子程序返回

SLOT.SPF（加工直槽的子程序）
N800 G1 G41 X15 Y-6.5         ；刀具半径左补偿
N805 X30                      ；切削下侧直边
N810 G3 Y6.5 CR=6.5           ；切削圆弧段
N815 G1 X15                   ；切削上侧直边
N820 G40 X0 Y0                ；取消刀具半径补偿
N825 G259 RPL=60              ；可编程附加坐标轴旋转 60 度，为下次调用作准备
RET                           ；子程序返回
```

第四篇　机械制造工艺设计实例

第 11 章　数控加工工艺实例

11.1　加工任务情况

某企业生产发动机，每年需加工某发动机主喷口，加工情况如下：

(1)机器年产量 500 台。

(2)该零件数件 1 件/台。

(3)备品率 5%。

(4)废品率 1%。

11.2　零件的工艺分析

11.2.1　零件的分析与毛坯的选择

1. 生产类型的确定

根据设计任务书计算出零件的生产纲领，生产类型为中批生产。

2. 零件的工艺性分析

如图所示，从零件图上可以看出，它共有三组主要加工表面。现分述如下：

(1)主喷口左右两端面　两表面粗糙度要求高，R_a 为 0.1，平行度要求较严，为 0.02mm，对内锥孔有径向圆跳动要求。

(2)内圆柱孔和内锥孔　内锥孔为此零件的径向设计基准，表面粗糙度 R_a 为 0.2

(3)外圆柱面　表面粗糙度为 R_a1.6，对内锥孔有径向圆跳动要求，为 0.03

3. 毛坯的制造形式

该零件为中批生产，其材料为 9Cr18，根据零件图的尺寸，选用 ϕ50mm 棒料。

11.2.2 机械加工工艺路线的制定

1. 基准的选择

(1)粗基准的选择

毛坯为棒料,所以粗基准为ϕ50 棒料外圆。

(2)精基准的选择

外圆、内锥孔和两端面为精基准。当采用内锥孔和左端大端面为定位基准时,符合基准重合原则。

2. 表面加工方法的选择

根据主要加工表面的尺寸精度、表面粗糙度查表 3-6、表 3-7、表 3-8,确定各主要表面加工方案如表:

加工表面	加工方案	余量
ϕ38 外圆及锥面	粗车	2.0
	半精车	1.4
	磨削	0.3
ϕ30 内锥孔经过	钻孔	
	镗孔	
	磨削	0.3
	抛光	0.1
	研磨	0.02
左/右两端面	粗车	2.0
	半精车	1.0
	粗磨	0.3
	精磨	0.2
	研磨	0.01

3. 工艺路线的确定

此次训练的目的使学生得到数控加工的练习,故尽量采用数控机床加工。

制定工艺路线时其基本出发点是保证加工质量、提高生产率、降低成本。该零件为中批生产,制定的工艺路线应该符合该生产类型的工艺特征。其工艺路线如下:

工序

05 车加工 Φ38 外圆、锥面及端面

10 车内锥孔及 Φ48、Φ42 外圆、大端面

15 粗磨大端面

20 粗磨小端面

25 铣槽

30 打磨锐边

35 清洗

40 中间检验

45 热处理

50 精磨大端端面

55 精磨小端端面

60 磨内

65 抛光内孔

70 磨外圆

75 研内孔

80 研磨大端端面

85 研磨小端端面

90 打毛刺

95 清洗

100 最终检验

学生也可以同时制定几个方案，通过比较与分析选择最佳方案。

11.3　工艺计算

11.3.1　机械加工余量，工序尺寸及其公差的确定

工序 05 车加工 Φ38 外圆、Φ48 外圆、锥面及端面

工步 1　车小端面 C

C 面经过两次车削，粗车和半精车，据表 4-10 半精车余量为 1.0mm，查表 2-8本工序车削后达到的表面粗糙度为 *Ra*3.2。

工步 2　车 Φ38 外圆、Φ48 外圆及锥面

由于毛坯直径为 ϕ50mm，锥面小端直径为 Φ28mm，车后表面粗糙度为 Ra3.2，考虑机床的功率，采用三次走刀，每次余量分配如图 11.1 所示。

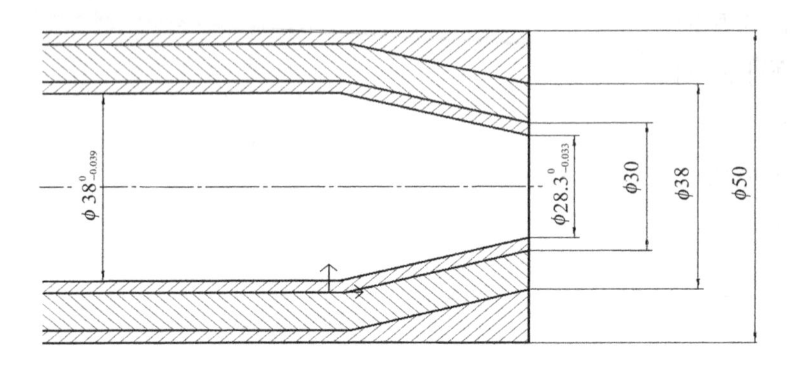

图 11.1　三次走刀余量分配图

本工序相当于粗车、半精车，查表 3-6 半精车经济精度为 IT8，半精车后该表面进行磨削，查表 4-3 磨削余量为 0.3，故该工序车削后基本尺寸应为 48＋0.3＝48.3、38＋0.3＝38.3；28＋0.3＝28.3，查附表 1 该尺寸对应的公差值为 0.039 和 0.033，按入体原则标注，工序尺寸为 $\Phi48.3^{0}_{-0.039}$、$\Phi38.3^{0}_{-0.039}$，$\Phi28.3^{0}_{-0.033}$

工步 3　切断

切断后该表面进行半精车、粗磨、精磨、研磨，查表其加工余量分别为 2.0、0.3、0.2、0.01，所以工序基本尺寸为 50＋2.0＋(0.3＋0.2＋0.010)×2＝53.02，查表 3-8 精度等级为 IT11，偏差为 0.19，工序尺寸为 $53.02^{0}_{-0.19}$。

工序 10　车内锥孔及 Φ42 外圆、大端面

工步 1　车大端面 D

大端面 D 经过粗车、半精车、粗磨、精磨、研磨，本工序进行粗车、半精车，故工序基本尺寸为 50＋(0.3＋0.2＋0.01)×2＝51.02mm，查表经济精度 IT9，所以工序尺寸为 $51.02^{0}_{-0.074}$。

工步 2　加工内锥孔

(1)钻孔　查表 4-15 先钻 Φ18 内钻孔

(2)镗孔　大端孔、锥孔、小端孔进行镗、磨、抛光，小端孔还要进行研磨。所以本工序锥孔大端、小端基本尺寸分别为：

30－0.3－0.1＝Φ29.6

21－0.3－0.1－0.02＝Φ20.58

查表 3-7，镗后经济精度 IT9，所以工序尺寸为 Φ29.6$_{0}^{+0.052}$，Φ20.58$_{0}^{+0.052}$。

工步 3　车 Φ42 外圆

该外圆车削后要进行一次磨削，查表 4-3，余量为 0.3，所以工序基本尺寸 42＋0.3＝48.3，查表 3-6 精度等级 IT8，查附表 1 公差值为 0.039，故工序尺寸为 Φ42.3$_{-0.039}^{0}$。

工序 15　粗磨大端面

查表 4-11 本工序的加工余量为 0.3，查表 3-8 经济精度为 IT7，故工序尺寸为 51.02－0.3＝50.72$_{-0.030}^{0}$

工序 20　粗磨小端面

同工序 15 工序尺寸为 50.72－0.3＝50.42$_{-0.030}^{0}$

工序 25　铣槽

本工序分三次走刀。先用 Φ5 铣刀铣槽，然后再铣槽两侧。查表 3-8 表面粗糙度 Ra3.2，经济精度 IT8，工序尺寸为 6$_{0}^{+0.030}$

工序 50　精磨大端端面

本工序主要为降低表面粗糙度，尺寸精度不要求提高。查表 3-7 表面粗糙度 Ra0.4，工序尺寸为 50.42－0.2＝50.22$_{-0.030}^{0}$

工序 55　精磨小端端面

同工序 50　工序尺寸为 50.22－0.2＝50.02$_{-0.030}^{0}$

工序 60　磨内孔

查表 3-7 磨内圆柱孔经济精度 IT7，粗糙度 Ra0.4，余量为 0.3。工序尺寸 Φ20.58＋0.3＝Φ20.88$_{0}^{+0.021}$；29.6＋0.3＝Φ29.9$_{0}^{+0.021}$

工序 65　抛光 Φ30 内孔及内锥孔

抛光余量为 0.1，　表面粗糙度 Ra0.2。工序尺寸为 29.9＋0.1＝Φ30$_{0}^{+0.021}$

工序 70　磨外圆

查表 3-6 经济精度为 IT6，表面粗糙度为 Ra0.4。工序尺寸 48.3－0.3＝Φ48$_{-0.390}^{0}$；42.3－0.3＝Φ42$_{-0.390}^{0}$38.3－0.3＝Φ38.3$_{-0.03}^{0}$

工序 75　研 Φ21 内孔

查表　研内孔余量为 0.02，表面粗糙度为 Ra0.1。工序尺寸为　20.98＋

0.02=$\Phi21_{0}^{+0.021}$

工序 80　研磨大端面

查表　表面粗糙度为 Ra0.1;查表　余量为 0.010mm。

工序尺寸为 50.02−0.010=$50.01_{-0.025}^{0}$

工序 85　研磨小端面

同 80 工序　工序尺寸为 50.01−0.01=$50_{-0.025}^{0}$

11.3.2　确定切削用量及基本时间 T_j、辅助时间 T_f

工序 05　车加工 Φ38 外圆、锥面及端面

(1)加工条件

工件材料:9Cr18

机床:CJK6032A　(FANUC 数控)

夹具:三爪卡盘

刀具:YT5 端面车刀,刀杆尺寸 16×25

$$K_\gamma=90^0 K_\gamma'=10^0 \gamma_0=10^0 \ x_s=0^0 \gamma_\varepsilon=2.0$$

查附表 2,确定:

YT5 外圆车刀,刀杆尺寸 16×25

$$K_\gamma=45^0 \qquad K_\gamma'=10^0 \qquad \gamma_0=10^0 \quad x_s=0^0 \gamma_\varepsilon=2.0$$

(2)选择与计算切削用量

①　粗车端面 C

$$a_p=Z_{粗}=2\text{mm} \qquad f=0.5\text{mm/r}(表\ 5\text{-}1\quad)$$

计算切削速度(表 5-9)。

车刀耐用度 t=60min　(表 5-9)

$$V=\frac{C_V}{60\times60^{0.2}\times2^{0.5}\times0.5^{0.35}}\times0.91\times0.81\times1\times1\times1\times1.25=1.78\text{m/s}$$

确定机床主轴轴速。

计算转速:

$$\eta s=\frac{1000v}{\pi d_w}=\frac{1000\times1.78}{3.14\times50}=11.34\text{r/s}=680\text{r/min}$$

取机床实际转速

$$n_w=755r/\min(\text{无级变速机床不计算})$$

实际切削速度

$$V_w=\frac{\pi d_w n_w}{1000}=\frac{3.14\times 50\times 755}{1000\times 1}=118.54\text{m/s}=1.97\text{m/s}$$

校验机床功率。

主切削力

$$F_z=P\cdot a_P\cdot f\cdot K_{FZ}=1962\times 2\times 0.5\times 1=1962\text{N}$$

切削功率

$$P_m=F_Z\cdot V_w\cdot 10^{-3}=1962\times 1.97\times 10^{-3}=3.865\text{kW}$$

取机床传动效率 $\eta=0.8$，则消耗总功率为 $43.865/0.8=4.83\text{kW}$ 而 Cjk6032A 主电机功率为 5kW，因此机床功率能完全满足要求。若主电机功率不够则重新选择参数计算。

T_j 与 T_f 的计算(表 6-1)

$$T_j=\frac{\frac{d_w-d}{2}+l_1+l_2+l_3}{fn_w}i=\frac{\frac{50-0}{2}+5+2+3}{0.5\times 755}\times 2=0.19\min=11\text{s}$$

$$T_f=T_j\times 20\%=2.78\text{s}$$

② 粗车外圆、锥面

分三次走刀 $a_{p1}=3\text{mm}$，$a_{p2}=2\text{mm}$，$a_{p3}=0.75\text{mm}$，$f=0.5\text{mm/r}$，$V=1\text{m/s}$（见表 5-9）。

$$n_s=\frac{1000v}{60\pi d_w}=\frac{1000\times 1}{60\times 3.14\times 50}=382.17r/\min$$

取：$n_w=460r/\min$

$$V_w=\frac{\pi d_w n_w}{1000}=\frac{3.14\times 50\times 460}{1000}=72.22m/\min=1.20\text{m/s}$$

$$T_j=\frac{l+l_1+l_2}{fn_w}=\frac{54+5+2}{0.5\times 460}\times 3=0.79\min=48\text{s} \qquad T_f=25\%T_j=12\text{s}$$

工序10　钻孔　镗孔

(1)钻ϕ18 孔

刀具材料：YT5

查表 5-14

$$a_p=9\text{mm}\ f=0.2\text{mm/r}\ V=0.5\text{m/s}$$

$$n_s=\frac{60\times 1000V}{\pi d_0}=\frac{60\times 1000\times 0.5}{3.14\times 18}=530r/\text{min}$$

取：

$$n_w=755r/\text{min}\quad V=\frac{\pi d_0 n_w}{60\times 1000}=\frac{3.14\times 18\times 755}{60\times 1000}=0.71\text{m/s}$$

$$T_j=\frac{L}{fn_w}=\frac{l+l_1+l_2}{f\cdot n_w}=\frac{51+5+3}{0.2\times 755}=0.39\text{min}=23.44\text{s}$$

$$T_f=25\%T_j=23.44\times 25\%=6\text{s}$$

(2)镗内孔

刀具：

$$YT15\ K_r=75^0 K'_r=10^0\ \gamma_0=10^0\ \lambda_s=0^0\ \gamma_\xi=2.0$$

分两次走刀：

$$a_{p1}=4.8\text{mm}\quad a_{p1}=4.8\text{mm}\ f=0.3\text{mm/r}\ V=1\text{m/s}$$

$$n_s=\frac{1000v}{\pi d_w}=\frac{1000\times 1}{3.14\times 29.6}=10.76r/s=645.55r/\text{min}$$

取：

$$n_w=755r/\text{min}\ V=\frac{\pi d_w n_w}{60\times 1000}=\frac{3.14\times 29.6\times 755}{60\times 1000}=1.17\text{m/s}$$

$$T_j=\frac{l+l_1+l_2+l_3}{fn_w}i\qquad l_1=\frac{a_p}{\text{tg}k_r}+(2\sim 3)=\frac{5}{\text{tg}75^0}+(2\sim 3)=4$$

$$l_2=4\quad l_3=5\ i=3$$

$$\text{所以}\ T_j=\frac{51+4+4+5}{0.3\times 755}\times 3=0.85\text{min}=51\text{s}$$

$$T_f=25\%T_j=51\times 25\%=13\text{s}$$

工序 25　铣槽

(1)加工条件：立铣 ZJK 7532A（FANUC 数控）

(2)直柄立铣刀 $d_0=5\text{mm}$ $Z=3$

(3)切削用量：$a_p=3\text{mm}$　$a_{e1}=5\text{mm}$　$a_{e2}=0.5\text{mm}$ $a_f=0.1\text{mm}/Z$（表 5-

12） $v=0.5m/s$（表 5-11）

$$n_s=\frac{1000v}{\pi d_0}=\frac{1000\times 0.5}{3.14\times 5}=31.85r/s=1910r/min$$

取：

$$n_w=1600r/min$$

$$V=\frac{\pi d_w n_w}{60\times 1000}=\frac{3.14\times 5\times 1600}{60\times 1000}=0.42m/s$$

$$T_j=\frac{L}{v_f}=\frac{l+l_1+l_2}{a_f\cdot n_w\cdot Z}=\frac{40}{0.1\times 1600\div 60\times 3}\times 3=15s$$

$$T_f=25\% T_j=15\times 25\%=5s$$

11.4　数控加工程序编制

车外圆程序：5 工序用，工件坐标系见工序图

机床：CJK6032A　（FANUC 数控）

```
%1234
  N05 T0101
  N10 G00  X50  Z5
  N15 M03  S755  F100
  N20 G71  U1   R3   P25   Q50   X0.2  Z0.2
  N25 G01  X28
  N30 Z0
  N35 X38  Z-20
  N40 Z-35
  N45 G01  X48
  N50 n02  Z-57.02
  N55 X55
  N60 Z20
  N65 M05
  N70 M30
```

车外圆程序:10 工序用,工件坐标系见工序图

```
%1235
   N05 T0101
   N10 G00  X50  Z5
   N15 M03  S755  F100
   N20 G71  U1  R3  P25  Q40 X0.2 Z0.2
   N25 G01  X42
   N30 Z-10
   N35 G01 X46
   N40 G01 X50 Z-12
   N45 G00  X60
   N50 Z0
   N55 M05
   N60 M30
```

镗孔程序:10 工序用,工件坐标系见工序图

```
%1236
   N05 T0303
   N10 M03  S755  F100
   N15 G00  X19  Z5
   N20 G01  Z1
   N25 G71  U0.5 R1.5 P30 Q45 X-0.2  Z0.2
   N30 G01 X30  Z0
   N35 G01 Z-10
   N40 G01 X21  Z-46.5
   N45 G01 Z-55
   N50 G00  X16
   N55 Z20
   N60 M05
   N65 M30
```

铣槽程序:工序 25 用,工件坐标系见工序图

机床　立铣(FANUC 数控)

```
%1237
   N05 G54  G00   X0  Y0  Z20
   N10 M03  S800  T01  F100
   N15 M98  P1234
   N20 G68  X0    Y0P60
   N25 M98  P1234
   N30 G69  X0    Y0
   N35 G68  X0    Y0    P120
   N40 M98  P1234
   N45 G69  X0    Y0
   N50 G68  X0    Y0    P180
   N60 M98  P1234
   N65 G69  X0Y0
   N70 G68  X0    Y0    P240
   N75 M98  P1234
   N80 G69  X0    Y0
   N85 G68  X0    Y0    P300
   N90 M98  P1234
   N95 G69  X0    Y0
   N100 M05
   N105 M30
O1234
   N110 G00  X0   Y0   Z20
   N115 X30Y14
   N120 G00  Z5
   N125 G01  Z-7
   N130 G01  G41  X25  Y14  D01
   N135 G01  X3   Y14
   N140           Y8
   N145      X25
   N150 G00  Z20
   N155 G01  G40   X0   Y0
   N160 M99
```

11.5 工艺文件编制

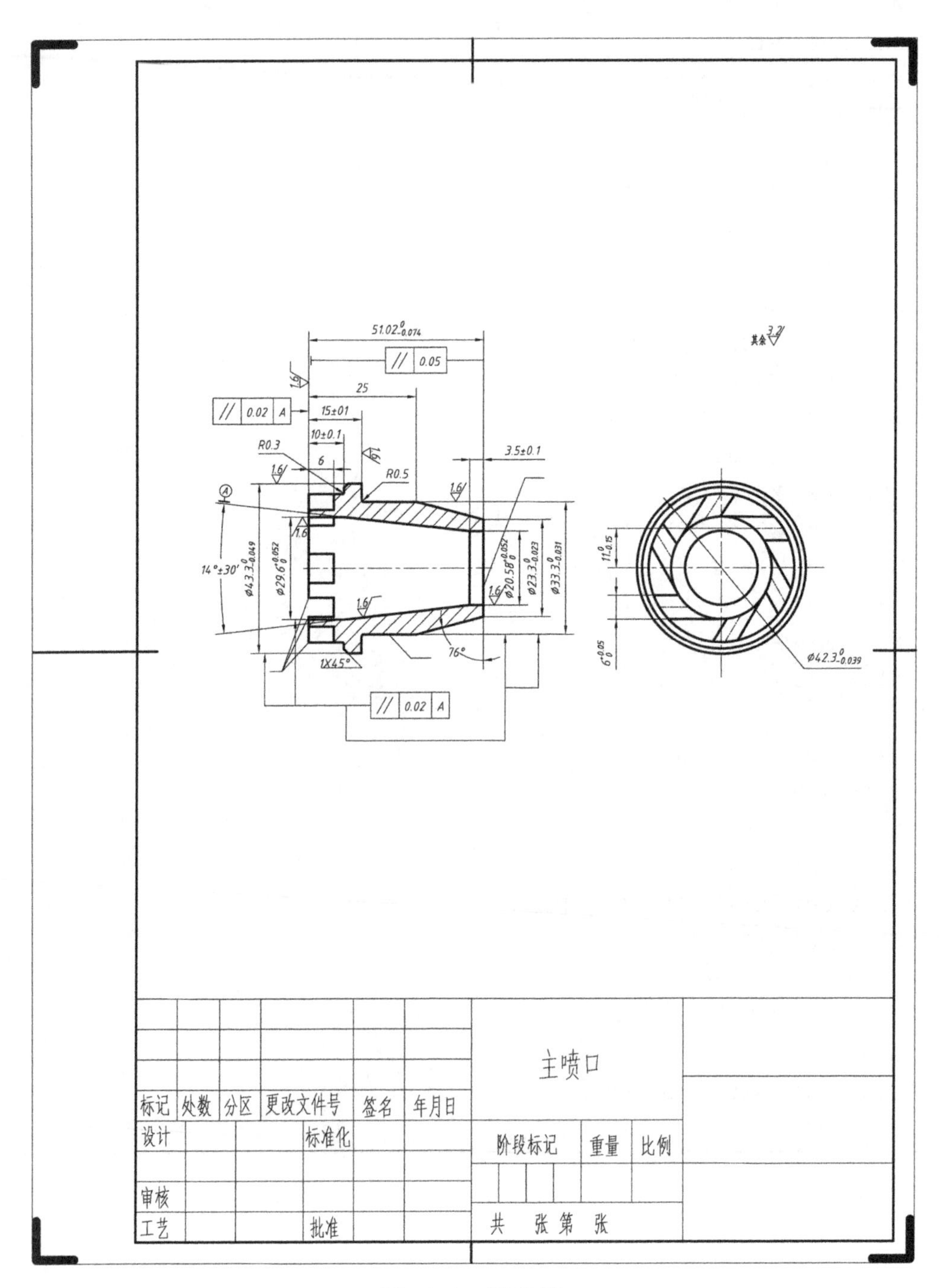

图 11.2 零件图

主喷口工艺文件编制如下。

单位		零件号		材料	9Cr18	编制	
机械加工工艺综合卡片		零件名称	主喷口	毛坯重量		指导	
		生产类型	中批	毛坯类型	排料	审核	

工序号	工序名称及内容	工序简图	工艺装备名称规格				切削用量			工时定额		
			机床	夹具	量具	刀具	切削用量	切削深度	进给量	基本时间	辅助时间	工作地点服务时间
0		$\phi 50$ $\phi 70$										

单位	零件号		材料	9Cr18	编制	
机械加工工艺综合卡片	零件名称	主喷口	毛坯重量		指导	
	生产类型	中批	毛坯类型	排料	审核	

工序号	工序名称及内容	工序简图	工艺装备名称规格				切削用量			工时定额		
			机床	夹具	量具	刀具	切削用量	切削深度	进给量	基本时间	辅助时间	工作地点服务时间
5	车加工工作内容： 1. 车端面 2. 车外圆 3. 切断	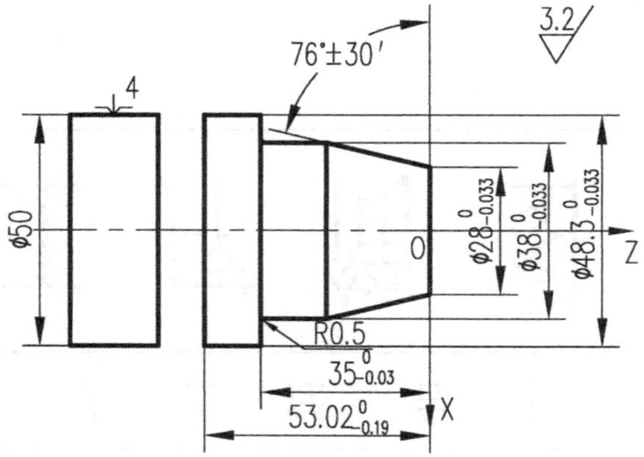 3.2 76°±30′ 4 $\phi50$ O $\phi28_{-0.033}^{0}$ $\phi38_{-0.033}^{0}$ $\phi48.3_{-0.033}^{0}$ Z R0.5 $35_{-0.03}^{0}$ $53.02_{-0.19}^{0}$ X	数控车床	三爪卡盘	通用量具	90°车刀切断刀						

<table>
<tr><td colspan="3" rowspan="1">单　　位</td><td>零件号</td><td></td><td>材料</td><td colspan="2">9Cr18</td><td>编制</td><td colspan="3"></td></tr>
<tr><td colspan="3" rowspan="2">机械加工工艺综合卡片</td><td>零件名称</td><td>主喷口</td><td>毛坯重量</td><td colspan="2"></td><td>指导</td><td colspan="3"></td></tr>
<tr><td>生产类型</td><td>中批</td><td>毛坯类型</td><td colspan="2">排料</td><td>审核</td><td colspan="3"></td></tr>
<tr><td rowspan="2">工序号</td><td rowspan="2">工序名称及内容</td><td rowspan="2">工序简图</td><td colspan="4">工艺装备名称规格</td><td colspan="3">切削用量</td><td colspan="3">工时定额</td></tr>
<tr><td>机床</td><td>夹具</td><td>量具</td><td>刀具</td><td>切削用量</td><td>切削深度</td><td>进给量</td><td>基本时间</td><td>辅助时间</td><td>工作地点服务时间</td></tr>
<tr><td>10</td><td>车内孔及外圆
工作内容：
1.钻中心孔
2.钻孔
3.镗孔
4.车外圆</td><td>3.2
1×45°
R0.3
2
ϕ20.8$^{+0.1}_{0}$
ϕ29.8$^{+0.1}_{0}$
14°35′
ϕ42.5$^{0}_{-0.1}$
Z
3.5±0.1
3
X
A
10.5$^{0}_{-0.1}$
15.5$^{0}_{-0.1}$
ϕ51$^{0}_{-0.014}$
⁄ 0.02 A
⁄ 0.02 A</td><td>数控车床</td><td>三爪卡盘</td><td>通用量具专用量</td><td>90°车刀镗刀</td><td>具</td><td></td><td></td><td></td><td></td><td></td></tr>
</table>

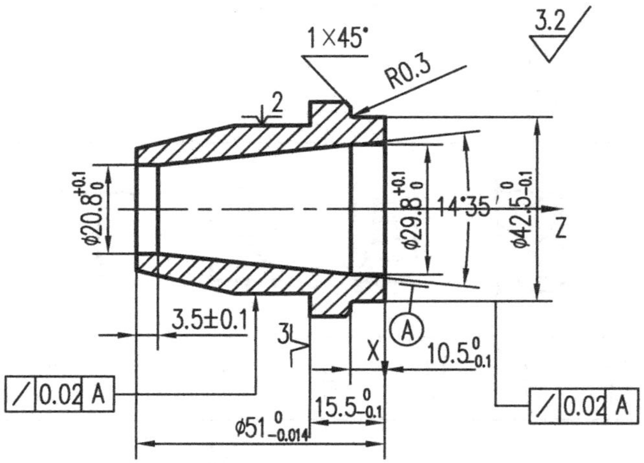

单位			零件号		材料	9Cr18	编制					
机械加工工艺综合卡片			零件名称	主喷口	毛坯重量		指导					
			生产类型	中批	毛坯类型	排料	审核					
工序号	工序名称及内容	工序简图	工艺装备名称规格				切削用量			工时定额		
			机床	夹具	量具	刀具	切削用量	切削深度	进给量	基本时间	辅助时间	工作地点服务时间
15	粗磨大端端面工作内容： 粗磨大端表面	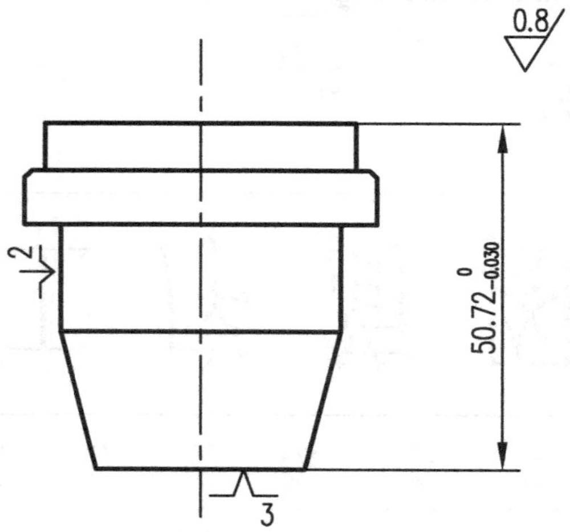 0.8; $50.72_{-0.030}^{0}$; 2; 3	数控磨床	专用夹具	通用量具	砂轮 WA180GV6P300×30×75						

单　位			零件号		材料	9Cr18	编制	
机械加工工艺综合卡片			零件名称	主喷口	毛坯重量		指导	
			生产类型	中批	毛坯类型	排料	审核	

工序号	工序名称及内容	工序简图	工艺装备名称规格				切削用量			工时定额		
			机床	夹具	量具	刀具	切削用量	切削深度	进给量	基本时间	辅助时间	工作地点服务时间
20	粗磨小端端面工作 内容： 粗磨小端表面	0.8 $50.42_{-0.030}^{0}$ 2 3	数控磨床	专用夹具	通用量具	砂轮 WA180GV6P300×30×75						

<table>
<tr><td colspan="3">单　　位</td><td colspan="2">零件号</td><td colspan="2"></td><td colspan="2">材料</td><td colspan="2">9Cr18</td><td>编制</td><td></td></tr>
<tr><td colspan="3" rowspan="2">机械加工工艺综合卡片</td><td colspan="2">零件名称</td><td colspan="2">主喷口</td><td colspan="2">毛坯重量</td><td colspan="2"></td><td>指导</td><td></td></tr>
<tr><td colspan="2">生产类型</td><td colspan="2">中批</td><td colspan="2">毛坯类型</td><td colspan="2">排料</td><td>审核</td><td></td></tr>
<tr><td rowspan="2">工序号</td><td rowspan="2">工序名称及内容</td><td rowspan="2">工序简图</td><td colspan="4">工艺装备名称规格</td><td colspan="3">切削用量</td><td colspan="3">工时定额</td></tr>
<tr><td>机床</td><td>夹具</td><td>量具</td><td>刀具</td><td>切削用量</td><td>切削深度</td><td>进给量</td><td>基本时间</td><td>辅助时间</td><td>工作地点服务时间</td></tr>
<tr><td>25</td><td>铣槽工作内容：
1.顺次铣6个槽
2.R0.1由铣刀保证</td><td>Z
X
R0.1
$3^{+0.05}_{0}$
1
4
$6^{+0.05}_{0}$
3
$11^{0}_{-0.15}$</td><td>数控车床</td><td>虎钳V型块</td><td>通用量具</td><td>φ5铣刀</td><td></td><td></td><td></td><td></td><td></td><td></td></tr>
</table>

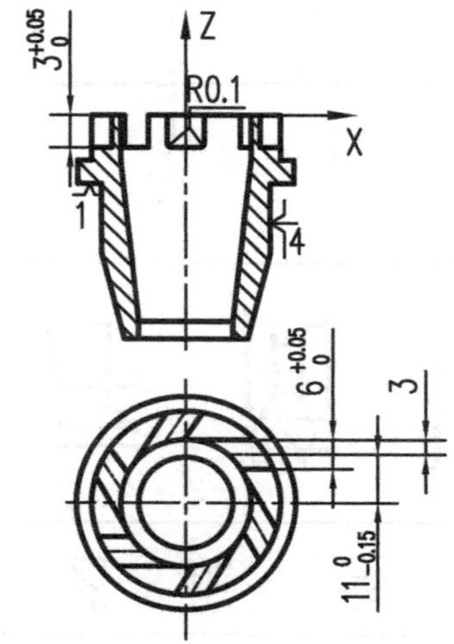

单位		零件号		材料	9Cr18	编制	
机械加工工艺综合卡片		零件名称	主喷口	毛坯重量		指导	
		生产类型	中批	毛坯类型	排料	审核	

工序号	工序名称及内容	工序简图	工艺装备名称规格				切削用量			工时定额		
			机床	夹具	量具	刀具	切削用量	切削深度	进给量	基本时间	辅助时间	工作地点服务时间
30	打毛刺工作内容： 1、机床加工痕迹用锉刀去毛刺； 2、断面毛刺用磨削去除											

<table>
<tr><td colspan="3">单　　位</td><td colspan="2">零件号</td><td colspan="2"></td><td colspan="2">材料</td><td>9Cr18</td><td colspan="2">编制</td><td></td></tr>
<tr><td colspan="3" rowspan="2">机械加工工艺综合卡片</td><td colspan="2">零件名称</td><td colspan="2">主喷口</td><td colspan="2">毛坯重量</td><td></td><td colspan="2">指导</td><td></td></tr>
<tr><td colspan="2">生产类型</td><td colspan="2">中批</td><td colspan="2">毛坯类型</td><td>排料</td><td colspan="2">审核</td><td></td></tr>
<tr><td rowspan="2">工序号</td><td rowspan="2">工序名称及内容</td><td rowspan="2">工序简图</td><td colspan="3">工艺装备名称规格</td><td colspan="4">切削用量</td><td colspan="3">工时定额</td></tr>
<tr><td>机床</td><td>夹具</td><td>量具</td><td>刀具</td><td>切削用量</td><td>切削深度</td><td>进给量</td><td>基本时间</td><td>辅助时间</td><td>工作地点服务时间</td></tr>
<tr><td>35</td><td>洗涤工作内容：
1、95#航空汽油浸泡3分钟；
2、细木棉巾拭干净；</td><td></td><td></td><td></td><td></td><td></td><td></td><td></td><td></td><td></td><td></td><td></td></tr>
</table>

<table>
<tr><td colspan="3">单　　位</td><td>零件号</td><td></td><td>材料</td><td>9Cr18</td><td>编制</td><td></td></tr>
<tr><td colspan="3" rowspan="2">机　械　加　工　工　艺　综　合　卡　片</td><td>零件名称</td><td>主喷口</td><td>毛坯重量</td><td></td><td>指导</td><td></td></tr>
<tr><td>生产类型</td><td>中批</td><td>毛坯类型</td><td>排料</td><td>审核</td><td></td></tr>
</table>

<table>
<tr><td rowspan="2">工序号</td><td rowspan="2">工序名称及内容</td><td rowspan="2">工序简图</td><td colspan="4">工艺装备名称规格</td><td colspan="3">切削用量</td><td colspan="3">工时定额</td></tr>
<tr><td>机床</td><td>夹具</td><td>量具</td><td>刀具</td><td>切削用量</td><td>切削深度</td><td>进给量</td><td>基本时间</td><td>辅助时间</td><td>工作地点服务时间</td></tr>
<tr><td>40</td><td>中间检验
工作内容：
1. 检查各表面粗糙度
2. 检查标注序号的尺寸
3. 检查标注序号的位置公差</td><td> 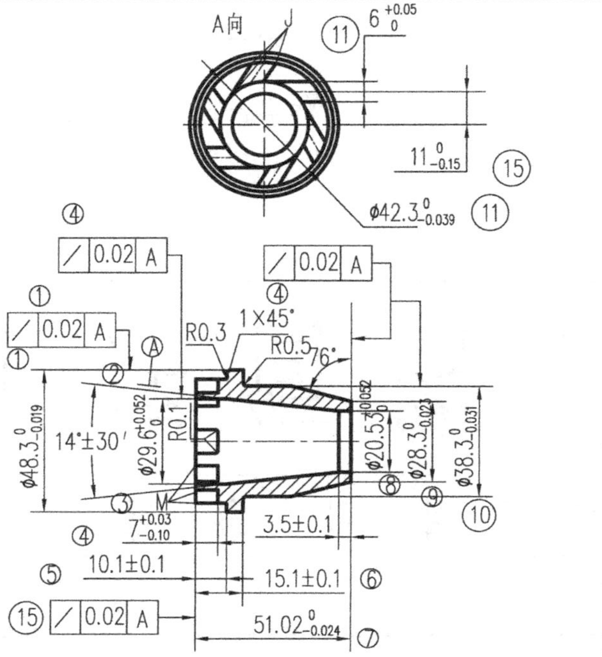A向; J; ⑪ $6^{+0.05}_{0}$; $11^{0}_{-0.15}$ ⑮; $\phi42.3^{0}_{-0.039}$ ⑪; ④ ∕ 0.02 A; ① ∕ 0.02 A; ① ②; Ⓐ; R0.3; 1×45°; R0.5; 76°; ④ ∕ 0.02 A; $\phi48.3^{0}_{-0.019}$; 14°±30′; $\phi29.6^{+0.052}_{0}$; R0.1; $\phi20.5^{+0.052}_{0}$ ⑧; $\phi28.3^{0}_{-0.023}$ ⑨; $\phi38.3^{0}_{-0.031}$ ⑩; ③ M; ④ $7^{+0.03}_{-0.10}$; 3.5±0.1; ⑤ 10.1±0.1; 15.1±0.1 ⑥; ⑮ ∕ 0.02 A; $51.02^{0}_{-0.024}$ ⑦</td><td></td><td></td><td>专用量具通用量具</td><td></td><td></td><td></td><td></td><td></td><td></td><td></td></tr>
</table>

单　位	零件号		材料	9Cr18	编制	
机械加工工艺综合卡片	零件名称	主喷口	毛坯重量		指导	
	生产类型	中批	毛坯类型	排料	审核	

工序号	工序名称及内容	工序简图	工艺装备名称规格				切削用量			工时定额		
			机床	夹具	量具	刀具	切削用量	切削深度	进给量	基本时间	辅助时间	工作地点服务时间
50	精磨大端面 工作内容： 精磨大端平面	0.4 ① ⁄ 0.03 A 14°±30′ A $50.22_{-0.030}^{0}$ 2 3 J_1	平面磨床	专用夹具	通用量具	砂轮 WA180GV6P300×30×75						

单位		零件号		材料	9Cr18	编制	
机械加工工艺综合卡片		零件名称	主喷口	毛坯重量		指导	
		生产类型	中批	毛坯类型	排料	审核	

工序号	工序名称及内容	工序简图	工艺装备名称规格				切削用量			工时定额		
			机床	夹具	量具	刀具	切削用量	切削深度	进给量	基本时间	辅助时间	工作地点服务时间
55	精磨小端面 工作内容： 精磨小端平面	0.4 0.03 A 50.22 $^{0}_{-0.030}$ 3 A 14°±30′	平面磨床	专用夹具	通用量具	砂轮 WA180GV6P300×30×75						

<table>
<tr><td colspan="3" rowspan="1">单　　位</td><td>零件号</td><td></td><td>材料</td><td colspan="2">9Cr18</td><td>编制</td><td colspan="2"></td></tr>
<tr><td colspan="3" rowspan="2">机械加工工艺综合卡片</td><td>零件名称</td><td>主喷口</td><td>毛坯重量</td><td colspan="2"></td><td>指导</td><td colspan="2"></td></tr>
<tr><td>生产类型</td><td>中批</td><td>毛坯类型</td><td colspan="2">排料</td><td>审核</td><td colspan="2"></td></tr>
<tr><td rowspan="2">工序号</td><td rowspan="2">工序名称及内容</td><td rowspan="2">工序简图</td><td colspan="3">工艺装备名称规格</td><td colspan="3">切削用量</td><td colspan="3">工时定额</td></tr>
<tr><td>机床</td><td>夹具</td><td>量具</td><td>刀具</td><td>切削用量</td><td>切削深度</td><td>进给量</td><td>基本时间</td><td>辅助时间</td><td>工作地点服务时间</td></tr>
<tr><td>60</td><td>磨内孔
工作内容:
磨内孔</td><td>其余 0.4
Ø29.9$^{+0.031}_{0}$
Ø20.33$^{+0.052}_{0}$
14° 3′ 24″
2
4
/ 0.03 A</td><td>内圆磨床</td><td>通用夹具</td><td>专用量具</td><td>砂轮</td><td></td><td></td><td></td><td></td><td></td><td></td></tr>
</table>

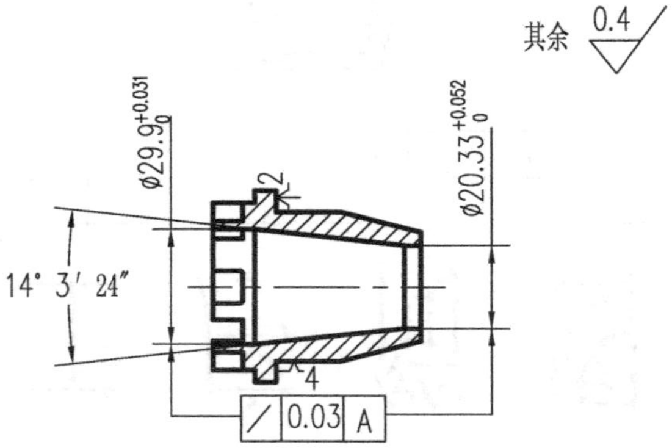

<table>
<tr><td colspan="3">单　　位</td><td>零件号</td><td></td><td>材料</td><td colspan="2">9Cr18</td><td>编制</td><td colspan="3"></td></tr>
<tr><td colspan="3">机械加工工艺综合卡片</td><td>零件名称</td><td>主喷口</td><td>毛坯重量</td><td colspan="2"></td><td>指导</td><td colspan="3"></td></tr>
<tr><td colspan="3"></td><td>生产类型</td><td>中批</td><td>毛坯类型</td><td colspan="2">排料</td><td>审核</td><td colspan="3"></td></tr>
<tr><td rowspan="2">工序号</td><td rowspan="2">工序名称及内容</td><td rowspan="2">工序简图</td><td colspan="4">工艺装备名称规格</td><td colspan="3">切削用量</td><td colspan="3">工时定额</td></tr>
<tr><td>机床</td><td>夹具</td><td>量具</td><td>刀具</td><td>切削用量</td><td>切削深度</td><td>进给量</td><td>基本时间</td><td>辅助时间</td><td>工作地点服务时间</td></tr>
<tr><td>65</td><td>抛光内孔
工作内容：
抛光内孔</td><td>其余 0.5
Ⓐ
$\phi 30_{0}^{+0.3}$
14°±30′
$\phi 20_{-0.035}^{0}$
⟋ 0.03 A</td><td>抛光机</td><td></td><td>专用量具</td><td>砂轮</td><td></td><td></td><td></td><td></td><td></td><td></td></tr>
</table>

<table>
<tr><td colspan="3">单　　位</td><td colspan="2">零件号</td><td colspan="2"></td><td>材料</td><td>9Cr18</td><td>编制</td><td colspan="3"></td></tr>
<tr><td colspan="3" rowspan="2">机械加工工艺综合卡片</td><td colspan="2">零件名称</td><td colspan="2">主喷口</td><td>毛坯重量</td><td></td><td>指导</td><td colspan="3"></td></tr>
<tr><td colspan="2">生产类型</td><td colspan="2">中批</td><td>毛坯类型</td><td>排料</td><td>审核</td><td colspan="3"></td></tr>
<tr><td rowspan="2">工序号</td><td rowspan="2">工序名称及内容</td><td rowspan="2">工序简图</td><td colspan="4">工艺装备名称规格</td><td colspan="3">切削用量</td><td colspan="3">工时定额</td></tr>
<tr><td>机床</td><td>夹具</td><td>量具</td><td>刀具</td><td>切削用量</td><td>切削深度</td><td>进给量</td><td>基本时间</td><td>辅助时间</td><td>工作地点服务时间</td></tr>
<tr><td>70</td><td>磨外圆
工作内容:
磨各外圆</td><td>其余 0.5
0.8
Ⓐ
$\phi 48_{-0.030}^{0}$
$\phi 42_{-0.030}^{0}$
14°±30′
3-
$\phi 28_{-0.035}^{0}$
$\phi 38_{-0.029}^{0}$
⁄ 0.03 A</td><td>外圆磨床</td><td>通用夹具</td><td>专用量具</td><td>砂轮</td><td></td><td></td><td></td><td></td><td></td><td></td></tr>
</table>

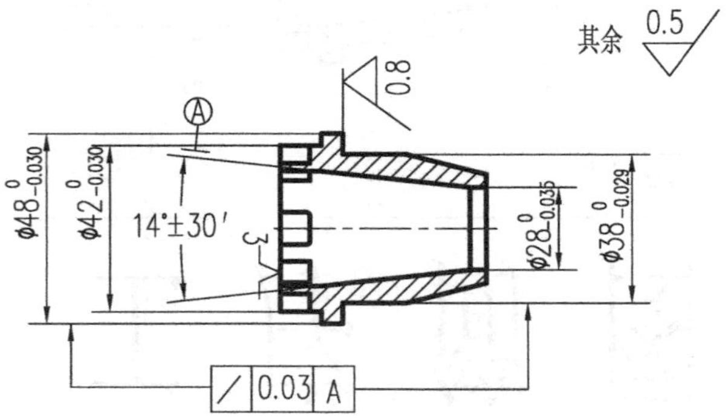

单位			零件号		材料	9Cr18	编制					
机械加工工艺综合卡片			零件名称	主喷口	毛坯重量		指导					
			生产类型	中批	毛坯类型	排料	审核					
工序号	工序名称及内容	工序简图	工艺装备名称规格				切削用量			工时定额		
			机床	夹具	量具	刀具	切削用量	切削深度	进给量	基本时间	辅助时间	工作地点服务时间
75	研内孔 工作内容: 研内孔	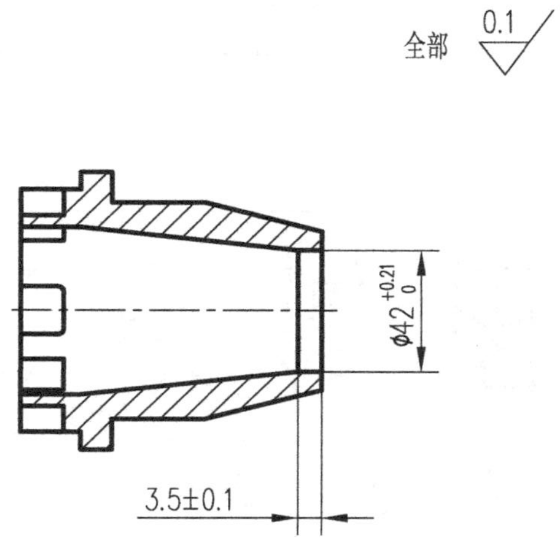 全部 0.1 $\phi 42^{+0.21}_{0}$ 3.5±0.1	研磨机		专用量具	研磨具						

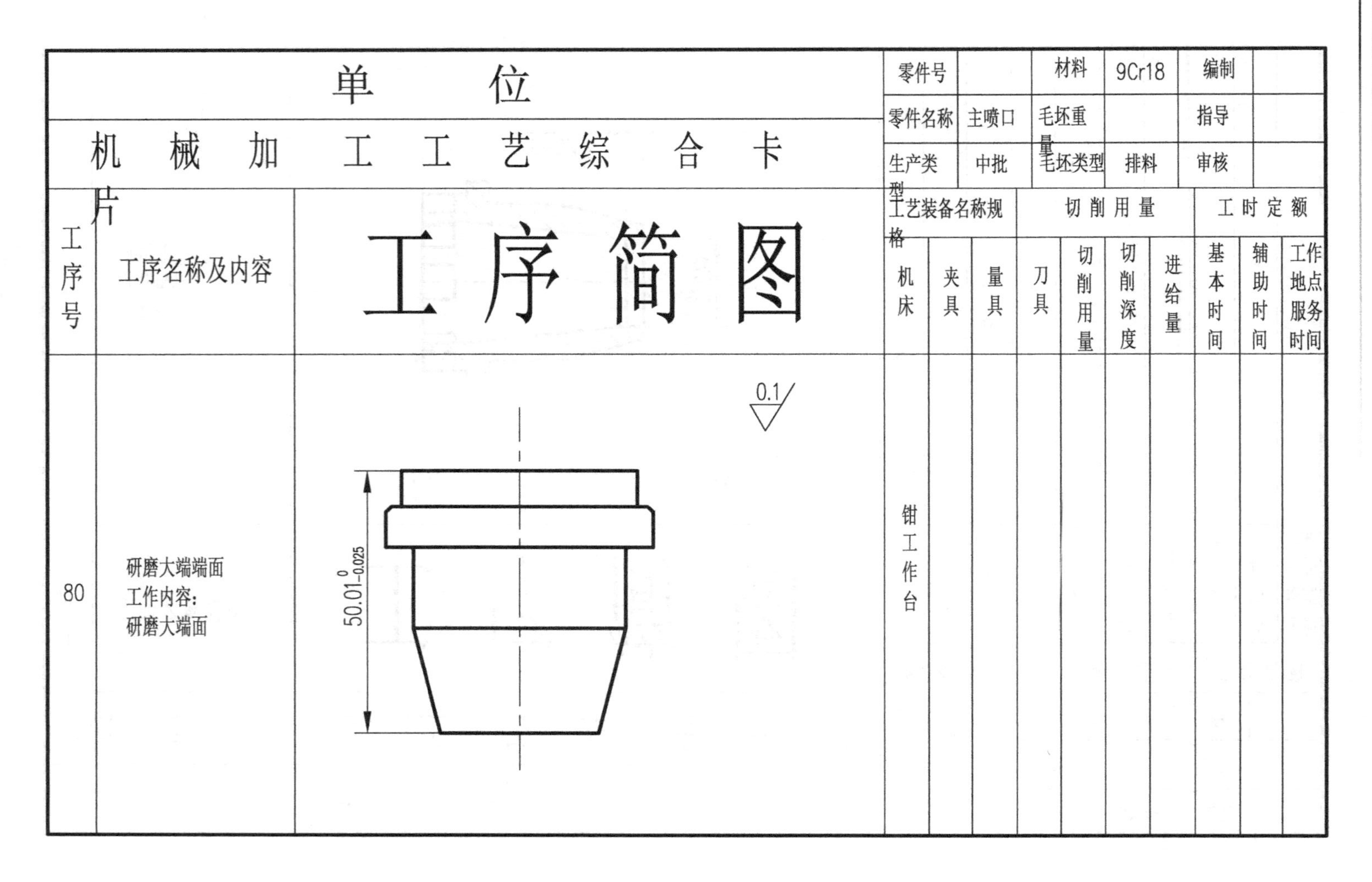

单位			零件号		材料	9Cr18	编制	
机械加工工艺综合卡片			零件名称	主喷口	毛坯重量		指导	
			生产类型	中批	毛坯类型	排料	审核	

工序号	工序名称及内容	工序简图	工艺装备名称规格：机床	夹具	量具	刀具	切削用量：切削用量	切削深度	进给量	工时定额：基本时间	辅助时间	工作地点服务时间
80	研磨大端端面 工作内容： 研磨大端面		钳工作台									

<table>
<tr><td colspan="3">单　　位</td><td>零件号</td><td></td><td>材料</td><td>9Cr18</td><td>编制</td><td></td></tr>
<tr><td colspan="3" rowspan="2">机械加工工艺综合卡片</td><td>零件名称</td><td>主喷口</td><td>毛坯重量</td><td></td><td>指导</td><td></td></tr>
<tr><td>生产类型</td><td>中批</td><td>毛坯类型</td><td>排料</td><td>审核</td><td></td></tr>
</table>

<table>
<tr><td rowspan="2">工序号</td><td rowspan="2">工序名称及内容</td><td rowspan="2">工序简图</td><td colspan="4">工艺装备名称规格</td><td colspan="3">切削用量</td><td colspan="3">工时定额</td></tr>
<tr><td>机床</td><td>夹具</td><td>量具</td><td>刀具</td><td>切削用量</td><td>切削深度</td><td>进给量</td><td>基本时间</td><td>辅助时间</td><td>工作地点服务时间</td></tr>
<tr><td>85</td><td>研磨小端端面
工作内容：
研磨小端面</td><td>0.1
$50^{0}_{-0.025}$</td><td>钳工作台</td><td></td><td></td><td></td><td></td><td></td><td></td><td></td><td></td><td></td></tr>
</table>

<table>
<tr><td colspan="3">单位</td><td colspan="2">零件号</td><td></td><td colspan="2">材料</td><td>9Cr18</td><td>编制</td><td colspan="2"></td></tr>
<tr><td colspan="3" rowspan="2">机械加工工艺综合卡片</td><td colspan="2">零件名称</td><td>主喷口</td><td colspan="2">毛坯重量</td><td></td><td>指导</td><td colspan="2"></td></tr>
<tr><td colspan="2">生产类型</td><td>中批</td><td colspan="2">毛坯类型</td><td>排料</td><td>审核</td><td colspan="2"></td></tr>
<tr><td rowspan="2">工序号</td><td rowspan="2">工序名称及内容</td><td rowspan="2">工序简图</td><td colspan="3">工艺装备名称规格</td><td colspan="4">切削用量</td><td colspan="3">工时定额</td></tr>
<tr><td>机床</td><td>夹具</td><td>量具</td><td>刀具</td><td>切削用量</td><td>切削深度</td><td>进给量</td><td>基本时间</td><td>辅助时间</td><td>工作地点服务时间</td></tr>
<tr><td>90</td><td>打毛刺工作内容：
打毛刺工作内容：
1、机床加工痕迹用锉刀去毛刺；
2、断面毛刺用磨削去除</td><td></td><td></td><td></td><td></td><td></td><td></td><td></td><td></td><td></td><td></td><td></td></tr>
</table>

单位	零件号		材料	9Cr18	编制	
机械加工工艺综合卡片	零件名称	主喷口	毛坯重量		指导	
	生产类型	中批	毛坯类型	排料	审核	

工序号	工序名称及内容	工序简图	工艺装备名称规格				切削用量			工时定额		
			机床	夹具	量具	刀具	切削用量	切削深度	进给量	基本时间	辅助时间	工作地点服务时间
95	清洗工作内容： 1、98#航空汽油浸泡3分钟； 2、细木棉巾拭干净；											

<table>
<tr><td colspan="3">单　　位</td><td colspan="2">零件号</td><td colspan="2"></td><td colspan="2">材料</td><td>9Cr18</td><td colspan="2">编制</td><td></td></tr>
<tr><td colspan="3" rowspan="2">机械加工工艺综合卡片</td><td colspan="2">零件名称</td><td colspan="2">主喷口</td><td colspan="2">毛坯重量</td><td></td><td colspan="2">指导</td><td></td></tr>
<tr><td colspan="2">生产类型</td><td colspan="2">中批</td><td colspan="2">毛坯类型</td><td>排料</td><td colspan="2">审核</td><td></td></tr>
<tr><td rowspan="2">工序号</td><td rowspan="2">工序名称及内容</td><td rowspan="2">工序简图</td><td colspan="4">工艺装备名称规格</td><td colspan="3">切削用量</td><td colspan="3">工时定额</td></tr>
<tr><td>机床</td><td>夹具</td><td>量具</td><td>刀具</td><td>切削用量</td><td>切削深度</td><td>进给量</td><td>基本时间</td><td>辅助时间</td><td>工作地点服务时间</td></tr>
<tr><td>100</td><td>最终检验：
终检入库</td><td></td><td></td><td></td><td></td><td></td><td></td><td></td><td></td><td></td><td></td><td></td></tr>
</table>

附　表

附表 1　标准公差表

基本尺寸(mm)		公差等级															
		IT01	IT0	IT1	IT2	IT3	IT4	IT5	IT6	IT7	IT8	IT9	IT10	IT11	IT12	IT13	IT14
>	≤	(μm)													(mm)		
—	3	0.3	0.5	0.8	1.2	2	3	4	6	10	14	25	40	60	100	0.14	0.25
3	6	0.4	0.6	1	1.5	2.5	4	5	8	12	18	30	48	75	120	0.18	0.30
6	10	0.4	0.6	1	1.5	2.5	4	6	9	15	22	36	58	90	150	0.22	0.36
10	18	0.5	0.8	1.2	2	3	5	8	11	18	27	43	70	110	180	0.27	0.43
18	30	0.6	1	1.5	2.5	4	6	9	13	21	33	52	84	130	210	0.33	0.52
30	50	0.6	1	1.5	2.5	4	7	11	16	25	39	62	100	160	250	0.39	0.62
50	80	0.8	1.2	2	3	5	8	13	19	30	46	74	120	190	300	0.46	0.74
80	120	1	1.5	2.5	4	6	10	15	22	35	54	87	140	220	350	0.54	0.87
120	180	1.2	2	3.5	5	8	12	18	25	40	63	100	160	250	400	0.63	1.00
180	250	2	3	4.5	7	10	14	20	29	46	72	115	185	290	460	0.72	1.15.
250	315	2.5	4	6	8	12	16	23	32	52	81	130	210	320	520	0.81	1.30
315	400	3	5		9	13	18	25	36	57	89	140	230	360	570	0.89	1.40
400	500	4	6	8	10	15	20	27	40	63	97	155	250	400	630	0.97	1.55
500	630	4.5	6	9	11	16	22	30	44	70	110	175	280	440	0.70	1.10	1.75
630	800	5	7	10	13	18	25	35	50	80	125	200	320	500	0.80	1.25	2.00
800	1000	5.5	8	11	15	21	29	40	56	90	140	230	360	560	0.90	1.40	2.30
1000	1250	6.5	9	13	18	24	34	46	66	105	165	260	420	660	1.05	1.65	2.60
1250	1600	8	11	15	21	29	40	54	78	125	195	310	500	780	1.25	1.90	3.10

附表 2　轴类零件用精轧圆棒料毛坯的直径　(mm)

名义直径 $d_{名}$	毛坯直径 $d_{毛}$																
	$d_{毛}$	L1		L2		L3		L4			L1		L2		L3		L4
5	7	20	7	40	7	60	8	100	44	48	176	48	352	50	528	50	880
6	8	24	8	48	8	72	8	120	45	48	180	48	360	50	540	50	900
7	9	28	9	56	9	84	9	140	46	50	184	52	368	52	552	52	920
8	10	32	10	64	10	96	11	160	48	52	192	52	384	54	576	54	960
9	11	36	11	72	11	108	12	180	50	54	200	54	400	55	600	55	1000
10	12	40	12	80	13	120	13	200	52	55	208	55	416	56	624	56	1040
11	13	44	13	88	13	132	13	220	55	58	220	60	440	60	660	60	1100
12	14	48	14	96	15	144	15	240	58	62	232	62	464	62	696	65	1160
13	15	52	15	104	16	166	16	260	60	65	240	65	480	65	720	70	1200
14	16	56	16	112	17	168	17	280	62	68	248	68	496	68	744	72	1240
15	17	60	17	120	18	180	18	300	65	70	260	70	520	70	780	75	1300
16	18	64	18	128	18	192	19	320	68	72	272	72	544	72	816	78	1360
17	19	68	19	136	20	204	20	340	70	75	280	75	560	80	840	85	1400
18	20	72	20	144	21	216	21	360	72	78	288	78	576	85	864	85	1440
19	21	76	21	152	22	228	22	380	75	80	300	80	600	85	900	90	1500
20	22	80	22	160	23	240	24	400	78	85	312	90	624	95	936	95	1560
21	24	84	24	168	24	252	25	420	80	85	320	90	640	95	960	95	1600
22	25	88	25	176	25	264	26	440	82	90	328	95	656	100	984	100	1640
23	26	92	26	184	26	276	27	460	85	90	340	95	680	100	1020	100	1700
24	27	96	27	192	27	288	28	480	88	95	352	100	704	105	1056	105	1760
25	28	100	28	200	28	300	30	500	90	95	360	100	720	105	1080	105	1800
26	30	104	30	208	30	312	30	520	92	100	368	105	736	110	1104	110	1840
27	30	108	32	216	32	324	32	540	95	100	380	105	760	110	1140	110	1900
28	32	112	32	224	32	336	32	560	98	105	392	110	784	115	1176	115	1960
30	33	120	33	240	34	360	34	600	100	105	400	110	800	115	1200	115	2000
32	35	128	35	256	36	384	36	640	105	110	420	115	840	120	1260	120	2100
34	38	132	38	264	38	396	38	680	110	115	440	120	880	125	1320	125	2200
35	38	140	38	280	39	420	39	700	120	125	480	130	960	140	1440	140	2400
36	39	144	40	288	40	432	40	720	125	130	500	130	1000	140	1500	140	2500
38	42	152	42	304	42	456	43	760	130	140	520	140	1040	150	1560	150	2600
40	43	160	45	320	45	480	45	800	135	140	540	140	1080	150	1620	150	2700
42	45	168	45	336	48	504	48	840	140	150	560	150	1120	160	1680	160	2800

注：1. 考虑到总余量，公差和轧件的弯曲，经凑整后按表中近似直径选出毛坯直径。

2. 阶梯轴按最大阶梯直径选取毛坯直径。

附表 3　车刀的前角及后角的参考值

(1)高速钢车刀			
工件材料		前角(°)	后角 α_0(°)
钢和铸铁	σ_b=400～500MPa	20～25	8～12
	σ_b=700～1000MPa	5～10	5～8
镍钢和 σ_b=700～800MPa		5～15	5～7
灰铸铁	160～180HB	12	6～8
	220～260HB	6	6～8
可锻铸铁	140～160HB	15	6～8
	170～190HB	12	6～8
铜、铝、巴氏合金		25～30	8～12
(2)硬质合金车刀			
工件材料		前角(°)	后角 α_0(°)
结构钢、合金钢及铸钢	σ_b≤800MPa	10～15	6～8
	σ_b=800～1000MPa	5～10	6～8
高强度钢及表面有夹杂的铸钢 σ_b>1000MPa		−5～−10	6～8
不锈钢		15～30	8～10
耐热钢 σ_b=700～1000MPa		10～12	8～10
变形锻造高温合金		5～10	10～15
铸造高温合金		0～5	0～15
钛合金		5～15	10～15
淬火钢 HRC40 以上		−5～−10	8～10
高锰钢		−5～5	8～12
锰钢		−2～−5	8～10
灰铸铁、青铜、脆性黄铜		5～15	6～8
铝合金		20～30	8～12
纯铁		25～35	8～10

附表 4　主偏角参考值

工作条件	主偏角(°)
在系统刚性特别好的条件下以小切削深度进行精车。加工硬度很高的工件材料	10～30
在系统刚性较好(l/d＜6＝)的条件下加工盘套类工件	30～45
在系统刚性差(l/d＝6～12)的条件下车削、刨削及镗孔	60～75
在毛坯上不留小凸柱的切断	80
在系统刚性差(l/d＞6～12)的条件下车削阶梯表面、细长轴	90～93

附表 5　副偏角参考值

工作条件	
用宽刃车刀及具有修光刃的车刀、刨刀进行加工	0
切槽及切断	1～3
精车、精刨	5～10
粗车、粗刨	10～15
粗镗	15～20
有中间切入的切削	30～45

附表 6　刃倾角参考值

工作条件	刃倾角
精车、精镗	0～5
900 车刀的车削及镗孔、切槽及切断	0
钢料的粗车及粗镗	0～－5
铸铁的粗车及粗镗	－10
带冲击的不连续车削、刨削	－10～－15
带冲击加工淬硬钢	－30～－45

附表 7　刀杆截面与长度尺寸

圆形	正方形	矩形截面			长度
		两边长的近似比值			
		1.25	1.6	2	
d	$H\times B$	$H\times B$	$H\times B$	$H\times B$	L
6	6×6	6×5	6×4	6×3	
8	8×8	8×6	8×5	8×4	
10	10×10	10×8	10×6	10×5	90
12	12×12	12×10	12×8	12×6	100
16	16×16	16×12	16×10	16×8	100
20	20×20	20×16	20×12	20×10	125
25	25×25	25×20	25×16	25×12	140
32	32×32	32×25	32×20	32×16	170
40	40×40	40×32	40×25	40×20	200
50	50×50	50×40	50×32	50×25	240
63	63×63	63×50	63×40	63×32	280

附表 8　SIMENS 802S/C 系统常用指令表

路径数据		暂停时间	G4
绝对/增量尺寸	G90,G91	程序结束	M02
公制/英制尺寸	G71,G70	主轴运动	
半径/直径尺寸	G22,G23	主轴速度	S
可编程零点偏置	G58	旋转方向	M03/M04
可设定零点偏值	G54～G57,G50,G53	主轴速度限制	G25,G26
轴运动		主轴定位	SPOS
快速直线运动	G0	**特殊车床功能**	
进给直线插补	G1	恒速切削	G96/G97
进给圆弧插补	G2/G3	圆弧倒角/直线倒角	CHF/RND
中间点的圆弧插补	G5	**刀具及刀具偏置**	
定螺距螺纹加工	G33	刀具	T
接近固定点	G75	刀具偏置	D
回参考点	G74	刀具半径补偿选择	G41,G42
进给率	F	转角处加工	G450,G451
准确停/连续路径加工	G9,G60,G64	取消刀具半径补偿	G40
在准确停时的段转换	G601/G602	辅助功能	M

附表 9　华中世纪星 HNC—21/22T 数控车系统的 G 代码

代码	组别	功能	代码	组别	功能
G00	01	快速定位	G57	11	坐标系选择 4
G01		直线插补	G58		坐标系选择 5
G02		圆弧插补(顺时针)	G59		坐标系选择 6
G03		圆弧插补(逆时针)	G65	06	调用宏指令
G04	00	暂停	G71		外径/内径车削复合循环
G20	08	英制输入	G72		端面车削符合循环
G21		公制输入	G73		闭环车削符合循环
G28	00	参考点返回检查	G76		螺纹车削符合循环
G29		参考点返回	G80		外径/内径车削固定循环
G32	01	螺纹切削	G81		端面车削固定循环
G36	17	直径编程	G82		螺纹车削固定循环
G37		半径编程	G90	13	绝对编程
G40	09	取消刀尖半径补偿	G91		相对编程
G41		刀尖半径左补偿	G92	00	工件坐标系设定
G42		刀尖半径右补偿	G94	14	每分钟进给
G54	11	坐标系选择 1	G95		每转进给
G55		坐标系选择 2	G96	16	恒线速度切削
G56		坐标系选择 3	G97		恒转速切削

附表 10　FANUC 0i—T 系统常用 G 指令表

G代码			组	功能	G代码			组	功能
A	B	C			A	B	C		
G00	G00	G00	01	快速定位	G70	G70	G72	00	精加工循环
G01	G01	G01		直线插补(切削进给)	G71	G71	G73		外圆粗车循环
G02	G02	G02		圆弧插补(顺时针)	G72	G72	G74		端面粗车循环
G03	G03	G03		圆弧插补(逆时针)	G73	G73	G75		多重车削循环
G04	G04	G04	00	暂停	G74	G74	G76		排屑钻端面孔
G10	G10	G10		可编程数据输入	G75	G75	G77		外径/内径钻孔循环
G11	G11	G11		可编程数据输入方式取消	G76	G76	G78		多头螺纹循环
G20	G20	G70	06	英制输入	G80	G80	G80	10	固定钻循环取消
G21	G21	G71		公制输入	G83	G83	G83		钻孔循环
G27	G27	G27	00	返回参考点检查	G84	G84	G84		攻丝循环
G28	G28	G28		返回参考位置	G85	G85	G85		正面镗循环
G32	G33	G33	01	螺纹切削	G87	G87	G87		侧钻循环
G34	G34	G34		变螺距螺纹切削	G88	G88	G88		侧攻丝循环
G36	G36	G36	00	自动刀具补偿 X	G89	G89	G89		侧镗循环
G37	G37	G37		自动刀具补偿 Z	G90	G20	G20	01	外径/内径车削循环
G40	G40	G40	07	取消刀尖半径补偿	G92	G21	G21		螺纹车削循环
G41	G41	G41		刀尖半径左补偿	G94	G24	G24		端面车削循环
G42	G42	G42		刀尖半径右补偿	G96	G96	G96	02	恒表面切削速度控制
G50	G92	G92	00	坐标系或主轴最大速度设定	G97	G97	G97		恒表面切削速度控制取消
G52	G52	G52	00	局部坐标系设定	G98	G94	G94	05	每分钟进给
G53	G53	G53		机床坐标系设定	G99	G95	G95		每转进给
G54～G59			14	选择工件坐标系 1～6	—	G90	G90	03	绝对值编程
G65	G65	G65	00	调用宏指令	—	G91	G91		增量值编程

附表 11　FAGOR 8055T 系统常用的 G 功能

G 代码	功能	G 代码	功能
G00	快速定位	G54～G57	绝对零点偏置
G01	直线插补	G58	附加零点偏置 1
G02	顺时针圆弧插补	G59	附加零点偏置 2
G03	逆时针圆弧插补	G60	轴向钻削/攻丝固定循环
G04	停顿/程序段准备停止	G61	径向钻削/攻丝固定循环
G05	圆角过度	G62	纵向槽加工固定循环
G06	绝对圆心坐标	G63	径向槽加工固定循环
G07	方角过度	G66	模式重复固定循环
G08	圆弧切于前一路径	G68	沿 X 轴的余量切除固定循环
G09	三点定义圆弧	G69	沿 Z 轴的余量切除固定循环
G10	图像镜像取消	G70	以英寸为单位编程
G11	图像相当于 X 轴镜像	G71	以毫米为单位编程
G12	图像相当于 Y 轴镜像	G72	通用和特定缩放比例
G13	图像相当于 Z 轴镜像	G74	机床参考点搜索
G14	图像相当于编程的方向镜像	G75	探针运动直到接触
G15	纵向轴的选择	G76	探针接触
G16	用 2 个方向选择主平面	G77	从动轴
G17	主平面 X—Y 纵轴为 Z	G77S	主轴速度同步
G18	主平面 Z—X 纵轴为 Y	G78	从动轴取消
G19	主平面 Y—Z 纵轴为 X	G78S	取消主轴同步
G20	定义工作区下限	G81	直线车削固定循环
G21	定义工作区上限	G82	端面车削固定循环
G22	激活/取消工作区	G83	钻削固定循环
G28	第二主轴选择	G84	圆弧车削固定循环
G29	主轴选择	G85	端面圆弧车削固定循环
G30	主轴同步(偏移)	G86	纵向螺纹切削固定循环
G32	进给率 F 作用时间的倒函数	G87	端面螺纹切削固定循环
G33	螺纹切削	G88	沿 X 轴开槽固定循环
G36	自动半径过度	G89	沿 Z 轴开槽固定循环
G37	切向入口	G90	绝对坐标编程
G38	切向出口	G91	增量坐标编程
G39	自动倒角连接	G92	坐标预置/主轴速度限制
G40	取消刀具半径补偿	G93	极坐标原点
G41	刀具半径左补偿	G94	直线进给率 mm(inches)/min
G42	刀具半径右补偿	G95	旋转进给率 mm(inches(/r
G45	切向控制	G96	恒速切削
G50	受控圆角	G97	主轴转速为 r/min

附表 12　线性尺寸的极限偏差数值　(mm)

公差等级	基本尺寸分段				
	0.5～3	>3～6	>6～30	>30～120	>120～400
精密 f	±0.05	±0.05	±0.1	±0.15	±0.2
中等 m	±0.1	±0.1	±0.2	±0.3	±0.5
粗糙 c	±0.2	±0.3	±0.5	±0.8	±1.2
最粗 v	～	±0.5	±1.0	±1.5	±2.5

未注公差的线性和角度尺寸的一般公差(GB/T1804——2000 等效 ISO2768-1：1989)

附表 13　圆半径 *R* 和倒角高度尺寸 *C* 的极限偏差数值　(mm)

<table>
<tr><th rowspan="2">公差等级</th><th colspan="4">基本尺寸分段</th></tr>
<tr><th>0.5～3</th><th>>3～6</th><th>>6～30</th><th>>30</th></tr>
<tr><td>精密 f</td><td rowspan="2">±0.2</td><td rowspan="2">±0. 5</td><td rowspan="2">±1.0</td><td rowspan="2">±2</td></tr>
<tr><td>中等 m</td></tr>
<tr><td>粗糙 c</td><td rowspan="2">±0.4</td><td rowspan="2">±1.0</td><td rowspan="2">±2.0</td><td rowspan="2">±4</td></tr>
<tr><td>最粗 v</td></tr>
</table>

附表 14　角度尺寸的极限偏差数值　(mm)

<table>
<tr><th rowspan="2">公差等级</th><th colspan="5">长度分段/mm</th></tr>
<tr><th>～10</th><th>>10～50</th><th>>50～120</th><th>>120～400</th><th>>400</th></tr>
<tr><td>精密 f</td><td rowspan="2">±1°</td><td rowspan="2">±30′</td><td rowspan="2">±20′</td><td rowspan="2">±10′</td><td rowspan="2">±5′</td></tr>
<tr><td>中等 m</td></tr>
<tr><td>粗糙 c</td><td>±1°30′</td><td>±1°</td><td>±30′</td><td>±15′</td><td>±10′</td></tr>
<tr><td>最粗 v</td><td>±3°</td><td>±2°</td><td>±1°</td><td>±30′</td><td>±20′</td></tr>
</table>

参考文献

[1] 赵云霞.数控编程.北京:机械工业出版社,2001

[2] 许祥泰,刘艳芳主编.数控加工编程实用技术 .北京:机械工业出版社,2003

[3] 明兴祖主编.数控加工技术.化学工业出版社,2008

[4] 王爱玲主编.现代数控编程技术及应用.北京:国防工业出版社,2007

[5] 杨伟群主编.数控工艺培训教程.北京:清华大学出版社,2006

[6] 郑修本主编.机械制造工艺学. 北京:机械工业出版社,2012

[7] 宋放之主编.数控工艺培训教程.北京:清华大学出版社,2003

[8] 马正元主编.机械制造工艺设计指导.沈阳:东北大学出版社,1995

[9] 孟少农主编.机械加工工艺手册.北京:机械工业出版社,1998